恐龙时代 Dinosaur Era

最后的辉煌

讲述距今1亿年前至6500万年前（白垩纪晚期）的恐龙故事

编　　著　李柯霏

科学顾问　江　泓

吉林出版集团股份有限公司 | 全国百佳图书出版单位

江泓

古生物科普作家，博物馆研究员，中国恐龙网、化石网专家，百度恐龙吧高级会员，作品有《驰龙圣经》《恐龙秘史》等，并长期为《博物》《环球探索》等杂志和网络供稿。

制作总监　张柏赫
图书制作　长春市明洋卓安文化传播有限公司

文字内容
科学顾问　江　泓
故事编写　郝东英　张旻旻
文字整理　陈晓静　刘黎明　张会影　李京键

三维制作
技术总监　张　博
灯光渲染　张海波　　　贴图绘制　张　博
骨骼绑定　郭　强　　　模型复原　王子维

平面设计及处理
封面设计　檀　畅
图像处理　李柯霏　王　雪　刘美琪　杨欣桐

史前时代在地球上生活了1亿5200万年的恐龙，是地球历史上最奇特和最壮观的动物之一。它们长相怪异，大多数成员体形各异，称霸一时。尽管恐龙大约在距今6500万年前就全部灭绝了，但是通过它们留下的化石，让我们知道了亿万年前地球上曾生活着这样一群动物。随着考古的不断发现，总有新的恐龙故事诞生。

　　"恐龙时代"系列丛书共分为5册，以恐龙生活的地质年代为主线，按时间线索，全面展现中生代恐龙繁衍、兴盛的历程和进化之路，探索恐龙灭绝之谜。重点章节包括恐龙发现故事、生存故事、形态特点和恐龙家族图谱等。

　　为了更加形象生动地还原恐龙时代的精彩和震撼，在图书制作上运用了多种技术手段。我们通过三维建模技术的运用，将史前世界的150只恐龙复原。这项巨大的复原工程，完美地再现了恐龙从"艰难的崛起"到成为"进化的赢家"，成为地球有史以来最"壮丽的生命"和"海陆空霸主"，直至"最后的辉煌"的故事。

　　让我们一起走进神奇的恐龙时代，共同探索恐龙的奥秘，发现恐龙的生存密码，破解恐龙兴衰之谜。

江 泓

目 录

恐龙，

生活在1亿5200万年前的壮丽生命，

让我们转动时光机器，

循着化石的踪迹，

进入恐龙时代。

Dinosau

第一章 白垩纪晚期的地球

第二章 生活在北美洲的恐龙

第三章 生活在非洲的恐龙

第四章　生活在南美洲的恐龙

▶ 关于恐龙的概述：《最后的辉煌》是"恐龙时代"系列丛书的第五部，主要介绍生活在白垩纪晚期的恐龙。在本书开篇，我们对白垩纪晚期的地球进行了整体描述，并介绍这段时期恐龙发生的变化以及所处环境的改变。白垩纪晚期的恐龙多种多样，特别是甲龙类、角龙类和鸭嘴龙类恐龙迅速发展，而那些大型蜥脚类恐龙几乎销声匿迹。随着白垩纪晚期灭绝事件的到来，恐龙从地球上消失了，如今的我们只能通过化石去还原那个辉煌壮丽的恐龙时代。

▶ 本书的主要线索：白垩纪晚期，恐龙进入最后的辉煌时期。本书将按照地区介绍这段时期的恐龙，依次为北美洲、非洲、南美洲和亚洲。除了地区这条线索之外，另一条贯穿全书的线索是恐龙故事。恐龙故事着重讲述恐龙在捕猎、生存、追逐以及小恐龙的成长过程，并配有丰富的恐龙科普知识，使整本图书变得生动有趣又充满知识性。

▶ 共生动植物：白垩纪晚期的地球，整个生态环境发生着缓慢变化，随着被子植物的迅速发展，取代了裸子植物的主导地位，为很多哺乳动物、鸟类和昆虫提供了丰富的食物，地球依然生机勃勃。但白垩纪晚期的灭绝事件让地球上大约95%的生物都灭绝了，幸存下来的哺乳动物成迅速发展、进化，成为新的统治者。

▶ 知识的权威性：近年来，人类在古生物学领域的研究日新月异，几乎每年都有多项重大成果出现，科学家不断通过新的证据推翻过去的观点。考虑到科普图书的严肃性，本书所涉及的知识均为大多数科学家认可的主流观点。我们计划每两年对本书做一次修订，及时吸纳本领域全球顶尖科学家最新的研究成果。

▶ 恐龙复原工程：与传统图书不同，本书中的恐龙均采用三维建模技术复原，每只恐龙都经过绘制草图、建模、贴图、骨骼绑定等7大步骤，力求生动逼真。书中每幅图的场景均采用VUE场景搭建技术，还原真实、自然的恐龙生存状态。

导读示意图

概述型页面
介绍化石、生存环境等与恐龙相关的概述性知识的页面。

引言
介绍本页的内容，将读者引入特定的阅读环境。

主图
用图片的形式展示本页介绍的主要知识点，让复杂的知识变得直观、生动。

主图知识点
介绍与主图相关的知识，对主图进行详细的文字性说明。

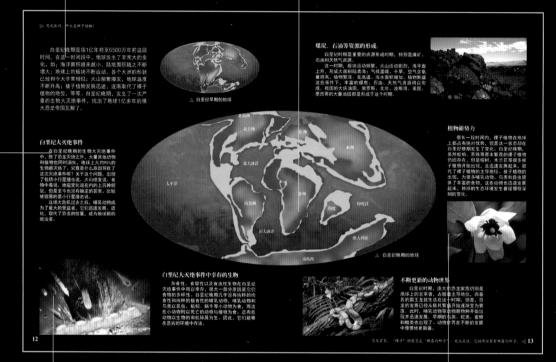

周边性知识
介绍与本页主题紧密相关的知识，并配以图片。

主图分解知识点
用文字对主图的局部进行说明。

恐龙故事与科普型页面

将恐龙故事与科普知识相融合的页面，详细介绍具象的恐龙。

恐龙生存地图
红色点状标志代表恐龙生活的地理位置。

恐龙档案
简明介绍恐龙的基本情况。

恐龙故事
从恐龙捕食、迁徙、求偶等角度介绍恐龙生存的故事。

▶ 恐龙百问：恐母恐的幼息也会像赖氏龙一样将棘八核群吗？

赖氏龙

生存年代：距今7600万年前至7500万年前的白垩纪晚期
学　名：Lambeosaurus
学名含义：赖博的蜥蜴
食　物：植物
体　形：体长9-16.5米，体重约10000千克
化石发现地：北美洲·加拿大

不同的父母

在变化莫测的恐龙世界，自然的选择与进化使这些荣耀的生物拥有不同的习性，它们繁衍后代、哺育幼龙各有特点。有些看似凶猛冷酷却有着母亲般的柔情，还有的会置子女于不顾，产完卵后便扬长而去。不管怎样，这都是它们历经千万年不断探索出的生存之道。

正是繁殖的季节，在一片土质松软的沙地上挖有着个大脸盆似的巢穴，这座巢穴就是赖氏龙孵化的亲切的场所，一群赖氏龙在巢穴周围踱步端细。在这群赖氏龙当中，一对雄氏龙夫妇正亲切地看着自己蛋蛋。蛋巢下面垫着小石子和泥土，一颗颗椭圆形的恐龙蛋卵在上面整整齐齐地排列着。这只雄赖氏龙刚刚觅食回来，它妻和雌赖氏龙轮流照顾蛋宝宝，它们小心翼翼，生怕其它的动物来打坏主意，把蛋宝宝偷了去。

比较大小
赖氏龙体长是成年人身围的5-6个倍。

雌性赖氏龙的头冠较短、较圆，后面带有一个向后延伸的坚硬骨板。雌性赖氏龙在下蛋之后，会将整齐地摆放在巢穴中，并仔细照看它们。

雄性赖氏龙
雄性赖氏龙的头冠相对尖锐，后面带着一个小骨棒。雄性赖氏龙会和雌性赖氏龙一起照顾恐龙蛋。

38　39

小恐龙长大后，恐龙宝宝恩长大之。会和其地年轻的恐龙一起组成新的族群，并成并恩动成父母。

比较大小
用对比的方式介绍恐龙的真实大小。本书选择身高1.80米的成年人作为参照物，使读者对恐龙的大小一目了然。

主图
生动形象地展现恐龙的生活状态。

恐龙百问百答
以问答的形式，简单明了地介绍与恐龙相关的知识。问题位于左页左上侧，答案位于右页右下侧。

白垩纪晚期的地球

白垩纪晚期是指1亿年前至6500万年前这段时间。在这一时间段中，地球发生了非常大的变化，如：海洋面积越来越小，陆地面积随之不断增大；地球上的板块不断运动，各个大洲的形状已经和今天非常相似；火山频繁爆发，地球温度不断升高；被子植物发展迅速，逐渐取代了裸子植物的地位；等等。白垩纪晚期，发生了一次严重的生物大灭绝事件，统治了地球1亿多年的强大恐龙帝国瓦解了。

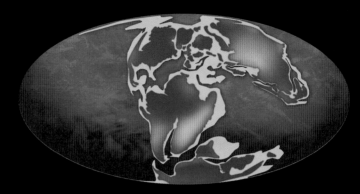

▲ 白垩纪早期的地球版图

白垩纪大灭绝事件

在白垩纪晚期的生物大灭绝事件中，除了恐龙灭绝之外，大量其他动物和植物也同时消失，地球上大约95%的生物都灭绝了。究竟是什么原因导致了这次灭绝事件的发生呢？关于这个问题，出现了包括小行星撞击说、火山喷发说、食物中毒说、地磁变化说在内的上百种假说，但是至今也没有确定的答案。比较被信服的是小行星撞击说。

这场大危机过去之后，哺乳动物成为了最大的受益者，它们迅速发展、进化，取代了恐龙的位置，成为地球新的统治者。

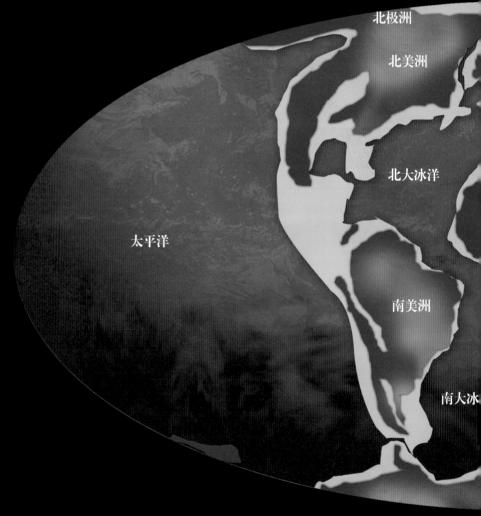

北极洲

北美洲

北大冰洋

太平洋

南美洲

南大冰

白垩纪大灭绝事件中幸存的生物

杂食性、食腐性以及食虫性生物在白垩纪灭绝事件中得以幸存，很大一部分原因是它们食物的多样性。白垩纪晚期几乎没有纯粹的肉食性和纯粹的植食性的哺乳动物，哺乳动物和鸟类以昆虫、蚯蚓、蜗牛等小动物为食，而这些小动物则以死亡的动物与植物为食；还有些动物以生物的有机碎屑为生。因此，它们能够在恶劣的环境中存活。

煤炭、石油等资源的形成：

  白垩纪时期是重要的资源形成时期，特别是煤矿、石油和天然气资源。

  这一时期，板块运动频繁，火山活动剧烈，海平面上升，形成大面积的陆表海；气候温暖、干旱，空气含氧量很高，植物繁茂。在高温、海水面积增加、植物繁盛这些条件下，丰富的煤炭、石油、天然气资源得以形成。我国的大庆油田，俄罗斯、北非、波斯湾、美国、墨西哥的大量油田都是形成于这个时期。

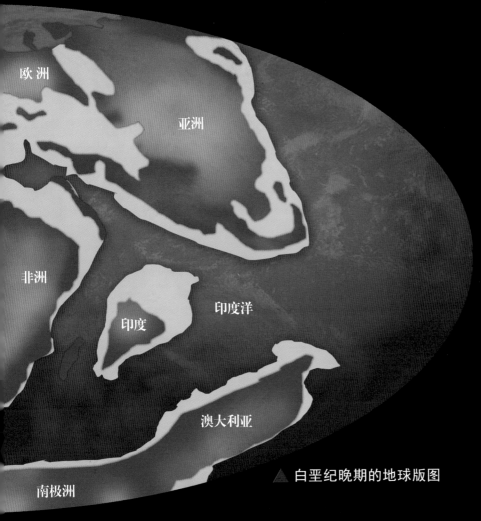

▲ 白垩纪晚期的地球版图

欧洲 亚洲 非洲 印度 印度洋 澳大利亚 南极洲

植物新势力

  很长一段时间内，裸子植物在地球上都占有绝对优势，但是这一状态却在白垩纪晚期发生了变化。白垩纪晚期，虽然松柏、苏铁等原本繁茂的裸子植物仍旧存在，但是榕树、木兰花等很多被子植物开始出现，且迅速发展起来，取代了裸子植物的主导地位。被子植物的出现，为很多哺乳动物、鸟类和昆虫提供了丰富的食物，这些动物也迅速发展起来，地球的生态环境发生着缓慢但深刻的变化。

不断更新的动物世界

  白垩纪时期，庞大的恐龙家族仍旧是地球上的主宰者，占据着主导地位，而著名的霸王龙就生活在这一时期。但是，恐龙的发展已经从极其繁盛开始逐渐走向衰落。此时，哺乳动物等动物新物种开始出现并迅速发展，早期的鸟类、蛇类、蜜蜂和蛾类也出现了。动物世界在不断的发展中慢慢地更新着。

恐龙百答：“裸子”的意思是"裸露的种子"，也就是说，它的果球里有裸露的种子

末日辉煌

　　白垩纪晚期，恐龙面临着全新的环境：动荡的陆地、变化的环境、频繁喷发的火山和新出现的植物……它们能顺应环境的变化，继续保持"世界霸主"的地位吗？事实表明，大部分恐龙顺应了环境的变化，继续主宰着世界，如角龙类、甲龙类、鸭嘴龙类、暴龙类、驰龙类等；但也有一部分恐龙无法适应不断变化的环境，渐渐消失了，如曾是无冕之王的大型蜥脚类恐龙。

惧龙

　　惧龙是一种体形巨大的肉食性恐龙，身体像霸王龙一样强壮，前肢是暴龙科中最长的，后肢强健有力，使它们具有一定的奔跑能力，可追逐大型猎物。

原角龙

　　原角龙是一种比较聪明的植食性恐龙。它们看上去有点胖，却具有很强的运动能力，奔跑时的速度可达每小时40千米。

阿拉摩龙

　　阿拉摩龙体长约35米，臀高约8米，体重约70 000千克。阿拉摩龙的地位非常特殊，它们是目前北美洲发现的唯一一种巨龙类恐龙，同时也是北美洲最后的巨型蜥脚类恐龙。

慈母龙

　　慈母龙体形较大，拥有典型鸭嘴龙科的平坦喙状嘴以及厚鼻部，脸部看起来有点像鸭子。

新势力的崛起

　　白垩纪时期，恐龙种类达到极盛，其中最著名的霸王龙是陆地上出现过的最大的肉食性动物。同时，一股恐龙新势力迅速崛起，如甲龙类、角龙类和鸭嘴龙类恐龙，在白垩纪晚期发展迅速。特别是角龙类，虽然白垩纪晚期才在地球上出现，却在很短的时间内就进化出了丰富的种类。

三角龙

　　三角龙是一种体形中等的植食性恐龙，头后方长着一面骨质头盾，眼睛上方长有两根长长的额角，是极具威慑力的防御武器。

鸭嘴龙

　　鸭嘴龙是一种大型植食性恐龙，它们身体宽大，脖子较短，长着一条肉乎乎的尾巴。鸭嘴龙习惯群居，会相互保护。

霸王龙

霸王龙也叫暴龙,是一种体形巨大的肉食性恐龙,头骨的长度就达1.5米,嘴中有长约18厘米的锋利牙齿,能咬碎猎物的骨头。它们是北美洲最后的统治者。

奇形怪状的头饰

随着时间的流逝，地球环境不断变化，庞大的恐龙家族也在不断进化着。进化使得一些恐龙的外形变得很奇特，其中一种恐龙尤为引人注目——它们的头上长出了奇形怪状的头饰，有的像一把梳子，有的像一个号角，有的像一把斧头……而关于这些千奇百怪的头饰的功能，目前也是说法不一，比较为大家所接受的说法包括：用于同伴间交流、储存水或能量、储存空气、调节温度、增进嗅觉、求偶，等等。

赖氏龙

赖氏龙可能是北美洲曾经生存过的体形最大的鸭嘴龙类恐龙，它们会成群在开阔地上觅食，最明显的特征就是头顶长着高大、内部中空的冠饰。

窃蛋龙

窃蛋龙是一种小型杂食性恐龙，体长约2.5米，高约1.3米，体重约40千克，脑袋上长有奇特的头冠，好像戴了一顶小帽子。

18

副栉龙

副栉龙是一种外形奇特的鸭嘴龙类，头上长着一根像管子一样的中空冠饰，嘴巴像鸭子嘴一样扁平。

第二章

生活在北美洲的恐龙

白垩纪晚期的北美洲

　　白垩纪晚期，北美洲西海岸和东部的一些地区都是广阔的沿海平原。当时，西部的内海刚刚退去，新出现的大平原从海边一直延伸到刚刚形成的落基山脉脚下。在灭绝事件发生前，北美洲是一派欣欣向荣的景象。那时的北美洲属于温暖湿润的亚热带气候，十分有利于植物的生长，滋养了大片森林，松柏、苏铁、蕨类植物以及被子植物也非常茂盛。气候舒适、食物充足让这片地区成为北美洲恐龙的家园。

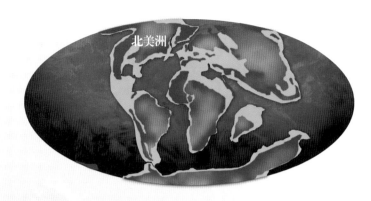

▲ 白垩纪晚期北美洲所在位置

戟龙

　　戟龙是大型植食性恐龙，鼻子上长有一只高大的角，头盾上还有很多尖角。它们多与其他角龙类恐龙及植食性恐龙共同生活，以群体方式迁徙。

伤齿龙

　　伤齿龙是一种杂食性恐龙，智力较高，平时昼伏夜出。从身体结构上看，伤齿龙应该反应敏捷，奔跑迅速。

北美洲的恐龙们

当时，庞大的植食性恐龙成群结队地在森林和水源之间游荡，而强壮凶猛的肉食性恐龙则在附近徘徊，暗暗观察着它们，并随时准备冲上去猎食。经过了长期的竞争和进化，北美洲的恐龙在身体方面出现了很多新的结构和功能。特别值得一提的是，著名的霸王龙就生活在这里。

艾伯塔龙

艾伯塔龙是一种凶猛的大型肉食性恐龙，脑袋约有1米长，咬合力巨大。成年龙具有很强的杀伤力，攻击猎物时，它们会一边撕咬一边摇晃脑袋，以此来撕下猎物身上的肉。

厚鼻龙

厚鼻龙是一种体形较大的植食性恐龙。它们的头顶长有大大的项盾，上边长有一大一小两对角，身体强壮，四肢发达。

惧龙

生存年代：距今8000万年前至7300万年前的白垩纪晚期
学　　名：Daspletosaurus
学名含义：令人恐惧的蜥蜴
食　　物：肉类
体　　形：体长约9米，高约3.5米，体重约3000千克
化石发现地：北美洲·加拿大

合作捕猎

　　不断的发展和进化，让恐龙越来越强大并成为地球上的统治者。同时，残酷的生存竞争也越发激烈。当独自捕猎变得不那么容易的时候，"合作"便自然而然地成为一种合适的捕猎方式，这使得捕猎的胜算更多，危险也更小，这种方式在白垩纪之前就已经出现。到了白垩纪，合作捕猎的恐龙越来越多。

比较大小

　　惧龙是一种体形巨大的肉食性恐龙，高度约是成年人身高的2倍。

夕阳西下，灿烂的晚霞将天空装点得如同锦缎一般，半山腰的悬崖上面，几只惧龙正悠然自得地享受着黄昏的美景。一只成年的母龙慵懒地卧在地上，满眼慈爱的望着它那刚出生不久的孩子，那只小惧龙还不满一岁，时不时发出欢快的叫声，它还从未参与过捕猎，不过用不了多久它就会变得强大起来。在成年母龙和小惧龙的旁边，还有两只中等大小的惧龙，它们是小惧龙的哥哥，已经有八岁了，正在享用刚刚围捕来的猎物。

关于暴龙科恐龙

　　暴龙科恐龙是地球上最后也是体形最大的肉食性恐龙中的一类。暴龙科恐龙都性情凶猛，外形相似，都具有巨大且沉重的头骨、短而有力的脖颈以及退化的前肢。暴龙科最著名的恐龙就是霸王龙，其他比较有名的成员还包括惧龙、诸城暴龙、特暴龙等，它们几乎都是所在地区的霸主。

生活在侏罗纪晚期的祖母暴龙是一种体形很小的恐龙，但它却是暴龙科最原始的成员之一。

霸王龙是暴龙科最凶猛的成员，生活在白垩纪晚期，是恐龙时代最后的霸主。

恐龙百答：惧龙的食物主要是角龙类和鸭嘴龙类，这一推测已经得到证实。

戟龙

生存年代: 距今约7650万年前到7500万年前的白垩纪晚期
学　　名: Styracosaurus
学名含义: 有尖刺的蜥蜴
食　　物: 植物
体　　形: 体长约5.5米，高度约1.8米，体重约3000千克
化石发现地: 北美洲·加拿大

头部

戟龙的头部巨大，鼻子上部长着一个尖角。头后部长有高高的头盾，其两侧对称分布着2对或是3对尖角。

嘴部

戟龙的嘴部已经进化为鹦鹉嘴状的角质喙，嘴长而狭窄，比较适合抓取、拉扯植物。

脖子

戟龙的脖子较短，但是颈椎骨和肌肉都很有力量，这才能支撑它们巨大而沉重的头部。

比较大小

戟龙是一种大型植食性恐龙，高度与成年人的身高差不多。

温情的大怪物

戟龙长得很像头上长了很多只犄角的犀牛，看起来像个怪物。其实，戟龙并没有看上去那么恐怖，它们性情并不凶猛，是一种充满家庭亲情感的大块头。它们群居生活，会一起面对危险，互相保护。当它们群体行动时，幼龙会走在队伍的中间，而健壮的成年戟龙则走在队伍的前面和两侧，来保护群体的安全。

身体

戟龙的体形很像犀牛，身体庞大、笨重，肩膀部分相当结实，尾巴较短。

四肢

戟龙四肢强壮，每个脚趾有蹄状爪，外部包裹着角质。

天色渐晚，休息过后的惧龙感觉到了饥饿，它们从不为食物担心，在湖边活动的戟龙和副栉龙都可以成为美餐。戟龙的头部长有尖刺，想要捕杀它，往往需要花费一些力气，副栉龙相对较容易，只要躲开它们那粗大尾巴，胜算就很大了。

恐龙百答：化石表明，如同其他角龙类一样，戟龙是群居恐龙，多与鸭嘴龙、三角龙、厚鼻龙、尖角龙、腕龙等植食性恐龙共栖，以大群体方式迁徙。

副栉龙

生存年代: 距今约6850万年到6550万年前的白垩纪晚期
学　　名: Parasaurolophus
学名含义: 几乎有冠饰的蜥蜴
食　　物: 植物
体　　形: 体长约10米, 高约3米, 体重约2500千克
化石发现地: 北美洲·加拿大

副栉龙们有的在湖边嬉戏饮水, 有的在啃食着鲜嫩植物的枝叶, 一派和谐的景象。它们丝毫没有发现山崖上有一双眼睛正虎视眈眈地盯着它们。

此时, 副栉龙们丝毫没有察觉到危险即将到来。它们其中有身强体健的壮年副栉龙, 有年迈力衰的老龙, 也有稚嫩弱小的幼龙。

冠饰

副栉龙的冠饰好像长长的骨棒, 沿着脑袋向后弯曲, 其内部中空, 有相对复杂的管路。不同种类、不同性别的副栉龙, 冠饰也不一样。

比较大小

副栉龙的高度大约是成年人身高的1.7倍。

带冠饰的鸭嘴龙

副栉龙是一种外形奇特的鸭嘴龙。它头上长着长长的、棒状的冠饰，像传说中的独角兽。但这个冠饰并不是实心的"角"，而是中空的"管"，类似小号。因为这个冠饰是中空的，所以有古生物学家推测，副栉龙的叫声可能特别响亮。

身体

如同其他鸭嘴龙类恐龙一样，副栉龙是二足恐龙，通常靠后肢行动，但它们可以随时将运动状态转换成四足运动。

嘴巴

副栉龙的嘴巴像鸭嘴一样扁平，上面覆盖着坚硬的角质层，其嘴巴前部没有牙齿。

冠饰的作用

古生物学家对副栉龙冠饰的功能进行了很多研究，得出了不同的结论，其中包括：水下呼吸说、共鸣器说、调节体温说、储藏器官说等，但是目前并没有明确的结论。

恐龙百答：副栉龙的化石发现于著名的恐龙公园组地层，该地层有许多保存良好且多样性的史前动物群化石，包含许多著名的恐龙，例如：角龙科的尖角龙、鸭嘴龙类的赖氏龙、暴龙科的蛇发女怪龙，以及甲龙科的埃德蒙顿甲龙。

　　捕猎行动开始了，两只中等大小的惧龙悄悄地绕到副栉龙群的后方，伺机而动，小惧龙在副栉龙群的侧面围捕，而成年的母龙则在副栉龙群的前方准备截杀。正当副栉龙觉得四处一片静寂放松警惕的时候，两只中等大小的惧龙突然从灌木丛中蹿了出来，副栉龙群惊慌失措，四处逃散。

　　成年的母龙冲了出来，将目标锁定到一只行动较慢的老副栉龙，迅速咬住了它的脖子，老副栉龙哀嚎了几声便倒在地上，一动也不动了。成年母龙喜悦地呼唤着它的孩子们来一同享用大餐，而这时两只中等大小的惧龙也捕获了一只小副栉龙，这真是意外的惊喜。惧龙一家收获颇丰，终于可以享用一顿丰盛的晚餐了。夕阳渐渐隐没了身影，湖面借着夕阳的余光泛着点点波光，惧龙一家也将迎接新的黎明。

头部

惧龙的头部非常大，长度约1米。从骨骼化石来看，惧龙的头骨非常结实，且具有强大的咬合力。

身体

惧龙的身体非常强壮，身体后面长有一条长而重的尾巴，正好可以帮助巨大头部保持平衡。

牙齿

惧龙口中有近70颗牙齿，横切面是椭圆形，牙齿的后缘长有锯齿，可以用来切肉。

前肢

惧龙的前肢短小，前端长着两个小爪子。不过，惧龙的前肢在暴龙科中已经算是最长的了。

恐龙百答：古生物学家在一具沃克氏副栉龙化石标本上找到了皮肤痕迹，显示副栉龙的皮肤上具有瘤状鳞片。

艾伯塔龙

生存年代：距今7400万年前至7000万年前的白垩纪晚期
学　　名：Albertosaurus
学名含义：艾伯塔省的蜥蜴
食　　物：肉类
体　　形：体长9~10米，高约3米，体重约2500千克
化石发现地：北美洲·加拿大

"孤儿"的生存

有父母庇护的幼龙生活得无忧无虑，它们不必为食物奔波。而失去父母的幼龙就没有这么幸运了，它们必须自己为生存努力。它们会同自己的兄弟姐妹一起捕食猎物，抵御外敌。

比较大小

艾伯塔龙是一种大型肉食性恐龙，高度大约是成年人身高的1.7倍。

成群出没的暴龙家族

和惧龙一样，艾伯塔龙也是暴龙科的一员，而且同样具有群居的习性。古生物学家曾经在同一地点一次性发现了20多具艾伯塔龙的化石，其中有成年个体，也有未成年个体。这表明，为了捕获大型猎物，艾伯塔龙往往成群出没。

　　海浪时起时伏，拍打着岸边的岩石，激起千层浪花，发出哗哗的声音。辽阔的海面上空无一物，任何生命在大海的面前都显得那样渺小。在离海边不远的一处空地上，躺着一只已经死去的厚鼻龙和一只气息奄奄的艾伯塔龙。经过一番激烈的战斗，成年的艾伯塔龙终于将厚鼻龙打败，给它的孩子们留下了充足的食物，但它自己却身受重伤，瘫倒在地上。成年的艾伯塔龙最终还是死去了，它的几个孩子都伏在它的身边，一只较大的艾伯塔龙已经16岁了，还有两只大概10岁，另外三只小的还不满5岁。小艾伯塔龙面对这样的惨状非常惊恐，不知所措。可是，它们必须坚强起来，因为它们要生存下去，不仅是为了自己，也是为了种族的繁衍。

恐龙百答：古生物学家推算，艾伯塔龙的平均行走速度在每小时14～21千米，它们奔跑的时候速度则能达到每小时40千米。　◀ **33**

　　那只厚鼻龙很快就被艾伯塔龙兄弟吃完了，它们需要寻觅新的食物。年幼的艾伯塔龙没有妈妈那样健壮，它们只能捕食小型动物。就在这时一只鼠齿龙从旁边的洞穴中蹿了出来，两只年幼的艾伯塔龙立刻扑了上去，结束了它的生命。

　　小型的动物并不能满足艾伯塔龙的胃口，它们打算一起捕猎稍大一些的动物。一只斑比盗龙进入了它们的视野。艾伯塔龙大哥冲锋在前，它的弟弟们也在旁边辅助。它们一边撕咬一边摇晃脑袋，很快，斑比盗龙伤痕累累，最终因为疼痛和失血过多而死。

幼年艾伯塔龙的生态位

　　成年艾伯塔龙是其所属地区的顶级掠食者，而幼年艾伯塔龙则占据中间的生态位，和其他中型恐龙一同竞争。

牙齿

　　艾伯塔龙的口中长着58颗香蕉形的牙齿，边缘带有锯齿，非常锋利。

可爱的斑比盗龙

　　"斑比盗龙"之所以被这样命名，是因为它们小巧玲珑、聪明灵敏，让研究人员不禁联想到动画片《小鹿斑比》中的主角——可爱的斑比。斑比盗龙生活在丛林中，以小型动物为食，它那有力的四肢和肢上的钩爪使其有很好的攀爬能力，当被大型恐龙追捕时，它可以迅速地爬到树上去。

乖巧可爱的小鹿斑比　　　　小巧、灵活的斑比盗龙

头部

　　艾伯塔龙的头有近一米长，有一双视力很好的眼睛，眼睛上方长着很短的骨质冠饰。

四肢

　　艾伯塔龙的前肢特别短小，末端各长有两个小爪子；与前肢相比，其后肢长而强健，末端长有四个脚趾，其中三个脚趾着地。

恐龙百答：研究指出斑比盗龙可能有着可伸屈的前爪，而前肢的灵活程度可以使它将爪子伸进自己的嘴里。

慈母龙

生存年代：距今8000万年前至6500万年前的白垩纪晚期
学　　名：Maiasaura
学名含义：好妈妈蜥蜴
食　　物：植物
体　　形：体长6～9米，体重约4000千克
化石发现地：北美洲·加拿大

光阴荏苒，不知不觉5年过去了，艾伯塔龙兄弟们逐渐长大，它们选取的猎物也越来越大，甚至开始捕捉体形庞大的慈母龙。

一只慈母龙衔着一些嫩嫩的树枝向自己的巢穴奔去，它的几个孩子正嗷嗷待哺，等着它回家呢。这一切被艾伯塔龙兄弟看在了眼里，它们在慈母龙放松警惕的时候，一齐扑了上去，巨大的慈母龙还没等反应过来，就倒在了地上，艾伯塔龙大哥趁机咬断了慈母龙的脖子，慈母龙挣扎了几下，便再也不动了。空地上染上了斑斑血迹，还散落着慈母龙刚才衔着的树枝。在一次次的捕猎过程中，艾伯塔龙兄弟们一天天健壮起来，它们相互关照、并肩作战，终于成长为艾伯塔龙族群中勇猛的战士。

比较大小

慈母龙的体长大约是成年人臂展的5倍。

最具母性的恐龙

慈母龙是一种鸭嘴龙类恐龙，长着典型的像鸭子一样的扁嘴巴，还长着厚高的鼻子。

古生物学家发现的很多慈母龙巢穴遗迹证明，慈母龙是恐龙家族中不折不扣的好父母。慈母龙每次会产18至40颗蛋，产蛋后它们会把蛋整齐地摆放在巢穴中，并会小心地看守它们以防被其他动物破坏或偷走。小恐龙出生后，每天要吃数百斤鲜嫩的植物，慈母龙就不辞辛苦地到处寻找食物来喂宝宝，非常尽责。

恐龙百答：慈母龙每次能产大约25个蛋，这25只小恐龙每天要吃掉几百斤鲜嫩的植物，慈母龙需要不辞劳苦地到处寻找食物。如果真是这样的话，它们是无愧于慈母龙这个称号的。

赖氏龙

生存年代：距今7600万年前至7500万年前的白垩纪晚期
学　　名：Lambeosaurus
学名含义：赖博的蜥蜴
食　　物：植物
体　　形：体长9～16.5米，体重约10000千克
化石发现地：北美洲·加拿大

不同的父母

　　在变化莫测的恐龙世界，自然的选择与进化使这些生物拥有不同的习性，它们繁衍后代、哺育幼龙，各有特点。有些看似凶猛冷酷却有着母亲般的柔情，有的也会置子女于不顾，产完蛋后便扬长而去。不管怎样，这都是它们历经千万年不断探索出的生存之道。

比较大小

　　赖氏龙体长是成年人臂展的5～9倍。

雌性赖氏龙

　　雌性赖氏龙的头冠较短、较圆，后面带有一个向后延伸的坚硬骨板。雌性赖氏龙在产蛋之后，会将蛋整齐地摆放在巢穴中，并仔细照看它们。

正是繁殖的季节，在一片土质松软的沙地上遍布着一个个大脸盆似的的巢穴，这些巢穴就是赖氏龙孵化幼崽的场所，一群赖氏龙在巢穴周围踱步徘徊。在这群赖氏龙当中，一对赖氏龙夫妇正关切地看着自己的蛋巢，蛋巢下面垫着小石子和泥土，一颗颗椭圆形的恐龙蛋在上面整整齐齐地排列着。这只雄赖氏龙刚刚觅食回来，它要和雌赖氏龙轮流照顾蛋宝宝，它们小心翼翼，生怕其他动物来打坏主意，把蛋宝宝偷了去。

雄性赖氏龙

雄性赖氏龙的头冠相对尖锐，后面带着一个小骨棒。雄性赖氏龙会和雌性赖氏龙一起照顾恐龙蛋。

恐龙百答：不是。慈母龙幼崽长大后，会和其他年轻的恐龙一起组成新的族群，并离开慈母龙父母。 **39**

身体

赖氏龙身体强壮，脖子的长度与头骨的长度差不多，大约有两米长，背部很高。

尾巴

赖氏龙的尾巴又粗又长，上部有骨化肌腱支撑，可以防止尾巴下垂。

后肢

赖氏龙的后肢骨骼粗壮、肌肉发达、强健有力，每个脚掌长有三个脚趾。从身体结构上看，赖氏龙是靠四足行走的恐龙。

前肢

赖氏龙前肢较短，掌部长着四个手指，没有拇指，中间三指连接在一起，并形成了蹄爪。赖氏龙会用前肢支撑身体重量。

赖氏龙的食物

赖氏龙是大型的鸭嘴龙类，它们会组成大群体，在开阔地上活动。赖氏龙喜欢吃裸子植物的叶子，它们一般会沿着森林前进。当赖氏龙成为爸爸妈妈之后，它们为了自己众多的孩子外出采集食物，一天可能要消耗几百千克的食物。

头冠

赖氏龙的头冠是骨质、中空的，高度与头骨高度相近。头冠内的空间与鼻管相连，因此，当赖氏龙将空气吸入鼻管进入头冠后，会发出响亮的声音，可用于与群体成员联络。

赖氏龙长有复杂的头骨结构，可以做出咀嚼动作，对食物进行粗加工。它们吃东西的时候会先用扁扁的嘴巴咬下树叶，然后用面颊部的牙齿咀嚼。

不知不觉四十多天过去了，这对赖氏龙夫妇一如既往地照顾着它们的蛋宝宝。突然，"咔"的一声，其中一只恐龙蛋出现了一道裂缝，从裂缝中隐隐约约地可以看见有个小东西在里面一动一动的。经过一番努力，小赖氏龙终于破壳而出了，渐渐地，巢穴中其他恐龙蛋也有了响动，小赖氏龙的兄弟姐妹们也迎来了新生。赖氏龙夫妇望着自己的孩子们不胜欣喜，不过它们哺育幼子的工作非但没有结束反而更加繁重了。赖氏龙妈妈从森林里采集了很多鲜嫩、碎小的树叶含在嘴里，带回巢穴，它一张开嘴，小幼龙们便争先恐后地吃了起来，别看小幼龙们个头不大，可正在长身体的它们能吃得很，这可忙坏了赖氏龙夫妇。

嘴巴

赖氏龙的嘴巴很像鸭子的嘴，坚硬且扁平宽大，面颊部长有数百颗树叶状的小牙齿。

　　小赖氏龙一天天长大，它们的骨骼渐渐发育成熟，可以独立行走了。小赖氏龙不再像以前一样只能窝在巢穴里，它们在空地上奔跑、跳跃，它们也尝试着靠自己的力量觅食以减轻爸爸妈妈的负担。在赖氏龙夫妇的精心照料下，再加上小赖氏龙自己的努力，小赖氏龙终于可以独立生活了。不过，它们并没有离开爸爸妈妈，而是由赖氏龙夫妇带领着，加入到更庞大的族群中去了。它们从不会感到孤单，因为现在它们不仅有自己亲兄弟姐妹的陪伴，还有其他恐龙家庭的兄弟姐妹陪它们玩耍，它们不管到哪，队伍都浩浩荡荡，让肉食性恐龙望而却步。

恐龙百答：除了发声，古生物学家认为赖氏龙冠饰的功能还包括：存放盐腺、增进嗅觉、储存空气、换气用、或是用来辨认不同种或不同性别。

伤齿龙

生存年代：距今7 500万年前至6 500万年前的白垩纪晚期
学　　名：Troodon
学名含义：具有杀伤力的牙齿
食　　物：杂食
体　　形：长约2米，高约1米，体重约60千克
化石发现地：北美洲·美国

　　并不是所有的恐龙都像赖氏龙一样细心照顾孩子，伤齿龙就是粗心大意的母亲。在一个阳光明媚的午后，阳光照在湖面上，将湖水映成了金色，几只伤齿龙聚集在水边的沙土地上。这里光照充足、沙土松软又极为隐蔽，真是个产卵的好地方！其中一只雌性伤齿龙已经在这里徘徊了好久，它左瞧瞧、右望望，终于找到了一处最好的地方，随即用爪子在地上用力地刨着，过了半晌，地上出现一个大坑，它将嘴巴放到洞中探了探，发现温度正好适合，就径直地蹲下身子，稍一用力，把蛋产入蛋坑松软的沙土中。

比较大小

　　伤齿龙是一种外形优美的恐龙，高度到成年人的腰部。

后肢

　　与前肢相比，伤齿龙的后肢要长一些，其后肢上长有四个脚趾，只有两个脚趾接触地面，其中第二脚趾大而弯曲且抬离地面。

聪明的恐龙

伤齿龙存在的时间段特别长，它们生活在白垩纪晚期的各个阶段，直到白垩纪大灭绝事件发生时才和其他恐龙一起消失。伤齿龙生存的时间长，可能是因为它们的智商比较高。在恐龙家族中，伤齿龙的大脑是最大的，这表明它们非常聪明。有些科学家研究后认为，伤齿龙的智商跟现在的鸟类智商差不多——鸟类非常聪明，最聪明的鸟类经过训练后甚至能够模仿人类的语言。因此，聪明的伤齿龙能够应对生存环境中的诸多挑战，存活更久。

头部

伤齿龙长有一个细长的大脑袋，并有一双视力很好的大眼睛，具有深度视觉。

牙齿

伤齿龙的嘴中长有两排牙齿，牙齿两侧有很大的锯齿。其颌部宽而且呈U形，这样的牙齿和颌部结构显示它们既可以吃肉，又可以吃植物。

前肢

伤齿龙的前肢较长，每个手上长有三个灵活的手指，具有一定的抓握能力。

身体

伤齿龙的身体细长，体态轻盈；细长的脖子呈S形且非常灵活；它们身上可能长有羽毛，有御寒的作用。

伤齿龙妈妈产完卵后，望了一眼便离去了，它显然不想自己来完成孵化工作。它把这个重要的任务交给了阳光。沙滩上日照格外充足，沙土被太阳烤得暖暖的，这样的温度足以让伤齿龙蛋孵化了，过程要持续几十天。

伤齿龙妈妈不照顾蛋宝宝，这个重任自然就落到伤齿龙爸爸身上。到了夜晚，没有了太阳的普照，气温渐凉。聪明的伤齿龙爸爸将新鲜植物堆在蛋巢上，利用植物发酵产生的热量，保持巢穴中必需的孵化温度。过了些时日，小伤齿龙终于破壳而出。它们一出生就离开了蛋巢，开始了独自生活。

静静等待出生的小恐龙

研究发现，伤齿龙从产卵到孵化这一过程，大约需要45～56天的时间。研究人员曾发现过伤齿龙巢穴的化石，但在巢穴中并没有幼年伤齿龙活动的证据，这表示伤齿龙可能刚刚孵化出来就能活动，会马上离开巢穴。

厚鼻龙

生存年代：距今7500万年前至7000万年前的白垩纪晚期
学　　名：Pachyrhinosaurus
学名含义：有厚厚鼻子的蜥蜴
食　　物：植物
体　　形：体长6～8米，高约2.3米，体重约4000千克
化石发现地：北美洲·加拿大

向北极出发

　　到白垩纪时期，恐龙的足迹已经遍布全球。在南极的冰川中，古生物学家们已经发现了木他龙和雷利诺龙两种恐龙的化石。而如今在北极圈内，也发现了角龙类恐龙厚鼻龙的化石。这些化石可以证明，那时的极地不是寒冷荒芜，反而古木参天、郁郁葱葱。恐龙们被大量鲜美的食物吸引，不远千里长途跋涉，迁移去极地"度假"，生殖繁衍，周而复始。

白垩纪时期的北极

　　1950年厚鼻龙初次被发现之后，古生物学家又发现了大量的骨骼化石。其中，在美国阿拉斯加州北坡（又称"北极斜坡"）地区发现了7具厚鼻龙的化石，这证明白垩纪时期的北极圈内也有恐龙存在。当时的北极圈内并没有厚重的冰雪，而是大片的极地森林，只有在冬季才会比较寒冷。

比较大小

厚鼻龙的体长是成年人臂展的3～4倍。

在7500万年前的白垩纪晚期，全球气候都比较温暖，位于北极圈内的阿拉斯加北坡，不像现在一样寒冷荒凉，而是布满了落叶针叶林，林下生长着开花植物、蕨类植物和苏铁，可谓生机盎然。

海浪哗哗地冲刷着沙滩，一支浩浩荡荡的厚鼻龙队伍正沿着海边行进。它们从南方而来，已长途跋涉了许久，目的地是水草丰美的阿拉斯加，并将在这里度过整个夏天，享受自然的馈赠。眼看着就要到达目的地了，队伍中那些刚出生不久的小厚鼻龙兴奋极了，成群结队地跑到队伍的最前方，似乎忘却了长途跋涉的疲惫。前面就是森林了！整个厚鼻龙群似乎都兴奋起来，不由得加快了脚步。

恐龙百答：厚鼻龙的化石被发现于三角洲与泛滥平原沉积层内，这说明它们更喜欢生活在靠近海边的地方。 ◀ **49**

　　经过长途跋涉的厚鼻龙已经口干舌燥，虽然它们守着大海这个天然的"大水库"，但是海水苦涩不能饮用。它们钻进森林，向地势高的地方走去，寻找水源。不一会儿它们就发现了一条小河，厚鼻龙争先恐后地向小河奔去。河水清冽甘甜，厚鼻龙恨不得将脑袋都埋在水里畅饮一番，好不痛快！就在大家都在"咕噜噜"地喝水时，几只小厚鼻龙却盯着河里发呆。河里的一块大鹅卵石上，蹲坐着两只长着大眼睛大肚皮的家伙，在这个怪家伙周围还游着许多小黑点，这些小黑点长着大大的脑袋，尾巴却很细，原来它们是青蛙妈妈和小蝌蚪宝宝。这几只小厚鼻龙从未见过这样的景象，它们争着抢着向前扑过去，水花四溅却扑了个空，青蛙不见了，小蝌蚪也不知所踪。小厚鼻龙觉得这里的世界有趣极了，然而小厚鼻龙的神奇之旅才刚刚开始。

青蛙和蝌蚪

现在的蛙类是水陆两栖动物，在水中和陆地上都能生存。但是其实蛙类的祖先是生活在水里的。后来，由于环境的改变，一些河流和湖泊变成了陆地，蛙类祖先也从水里渐渐走向陆地。生活环境的变化，使得蛙类祖先的身体结构也发生了相应改变。于是，一些蛙类进化出在水里和陆地上都能运动的四肢，呼吸器官由鳃变成了肺。而蛙类由水生向陆生的转变并不彻底，这种不彻底的表现就是蝌蚪只能在水里生活。

　　厚鼻龙们在这里的生活得舒适又安逸，不仅有取之不尽的鲜美食物，还不用时刻警惕大型肉食性恐龙的追捕。小厚鼻龙们狼吞虎咽，吃得很饱很饱。因为有足够的食物，所以它们长得很快，等到夏天过去，它们就会完全褪去稚嫩的模样，变得身强力壮。

身体

　　厚鼻龙的身体强壮，四肢发达，尾巴较短。

头部

厚鼻龙拥有一面很大的头盾，边缘长有波浪形的骨质凸起，中间有一对向内弯曲的小角，外侧还有一对向外弯曲的大角。除此之外，厚鼻龙眼睛后方的头骨中线上长有三个尖角。

嘴部

厚鼻龙长有坚硬的钩状角质喙，可以用来咬断坚硬且富含粗纤维的植物。

恐龙百答：厚鼻龙属于尖角龙亚科中的厚鼻龙族。从头骨特征上判断，厚鼻龙很可能是由河神龙直接进化来的。

夜晚来临，天空如同一块巨大的黑幕，黑幕上群星闪烁。一只小厚鼻龙正卧在草地上，仰望着神秘的夜空。突然，天空中闪现出一条绚丽的光带，这条光带由红及绿，时隐时现，宛若浮动的丝带。这道绚丽的光倾泻下来，将大地照得通亮。多么美的景色啊，小厚鼻龙被这样的景色震撼到了。此时它真的爱上了这个美丽丰饶的地方。

美丽的极光

　　在南极和北极地区的高空，会经常出现一种绚丽多彩的发光现象，它们有的像飘舞的丝巾，有的像轻盈的彩虹，有的像遮天的彩色帷幕，美轮美奂，令人神往。原来，这是太阳带电粒子流作用于地球磁场而形成的一种现象，被称为极光。美国阿拉斯加的费尔班克斯一年中有200天会出现极光，因此被誉为"北极光之都"。

恐龙百答：地球沿椭圆形轨道绕太阳公转时，还绕着地轴自转。地球在自转时，地轴与其垂线形成约23.5°的倾斜角，因而有6个月的时间，地球两极之中总有一极朝着太阳，全是白天；另一个极背向太阳，全是黑夜。如此便形成了极昼和极夜。

　　第二天，这只小厚鼻龙和小伙伴打算一起去森林里探险，希望还能见到一些新奇的东西。小厚鼻龙离开了族群，大摇大摆地走向森林深处。不远处，几只伤齿龙在觅食。小厚鼻龙从来没有见过这种带羽毛的家伙，所以没有贸然靠近。伤齿龙体形不大，相比之下，年幼的厚鼻龙也算是大块头了。它们相互看看，又各自寻找食物去了。

极地区的原居民

古生物学家在美国阿拉斯加州北坡发现了伤齿龙的化石，他们在这里还发现过厚鼻龙的化石。不过与厚鼻龙不同的是，伤齿龙应该是属于这里的原住居民。伤齿龙的一些特点显示它们能够适应极地地区寒冷的气候：第一，它们身上覆盖着羽毛，可以抵御寒冷；第二，它们的视力非常好，在夜晚也能看清东西；第三，它们是杂食动物，即使在寒冷的天气里也能找到食物。

恐龙百答：现在，针叶混合林分布广泛，其气候类型已经明确，年平均气温在3~13℃，想必在白垩纪晚期，阿拉斯加北部的年平均气温与此相近。

　　天公不作美，一道闪电从天空中直劈下来，紧接着传来了震耳的雷声，不一会儿就下起了大雨。雨越下越大，成年的厚鼻龙见小厚鼻龙们还未归来，心里着急不已，几只健壮的厚鼻龙准备结伴而行，寻找小厚鼻龙。成年的厚鼻龙们用特有的叫声呼唤着小厚鼻龙，小厚鼻龙在远处听到了这熟悉的声音，回应了两声。成年的厚鼻龙循声而至，终于找到了这群顽皮的孩子。它们要回到族群中去，可还未走出多远，就听见了一阵轰隆隆的巨响。暴雨造成了地面塌陷，这群厚鼻龙，瞬间被埋在了泥土下面，它们在泥土中挣扎着，可是却毫无抵抗之力，紧接着又一声巨响，地面再次发生了塌陷，几颗大树倒了下来，正砸在了这几只厚鼻龙身上。雨越下越急，泥土混着雨水从高处滚滚而下，这群厚鼻龙最终被淹没在泥土当中。

　　两个月后，树木的叶子渐渐开始掉落了，厚鼻龙群即将离开这里。小厚鼻龙的体重已经成倍增长，它们在这里的回忆，有觅得美食的喜悦，也有失去同伴的哀伤，不过夏去秋来，它们将回去面临新的生活。

恐龙百答：到目前为止，在阿拉斯加发现的每一种恐龙也都出现在北美洲西部的其他地区，因此无法说哪种恐龙是阿拉斯加特有的。

白垩纪晚期的非洲

现在位于非洲南部的马达加斯加岛最初并不是非洲大陆的一部分，而是在白垩纪晚期从印度次大陆分离出去形成的一个独立的岛屿。当时，分离出去的马达加斯加岛纬度比现在要靠南，并缓慢地向北部漂移。当时的马达加斯加岛旱季与雨季交替，季节变化十分明显。岛上有广阔的平原，十分适宜生物生存。

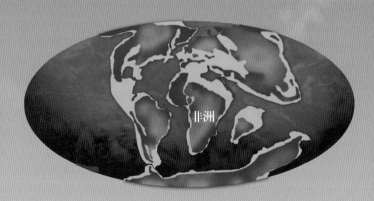

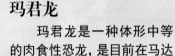

▲ 白垩纪晚期非洲所在位置

非洲的恐龙

当时，马达加斯加岛虽然是个被茫茫大海隔绝的孤岛，但是因为气候适宜生物生长，所以岛上生气勃勃。生活在岛上的恐龙也是种类众多，其中包括玛君龙、恶龙以及属于泰坦巨龙类的掠食龙等。它们在岛上觅食、争斗，享受着紧张但充满生机的生活。

玛君龙

玛君龙是一种体形中等的肉食性恐龙，是目前在马达加斯加岛发现的体形最大的肉食性恐龙，也是白垩纪晚期当地的最高统治者。

掠食龙

掠食龙是一种体形巨大的植食性恐龙，体长可达15米。它们拥有又细又长的尾巴、长长的脖子以及类似大象的巨大身体。

恶 龙

　　恶龙是一种小型的肉食
性恐龙。从它们的牙齿和下颚
的变化来看，它们似乎已经成
为一种专业的捕鱼者，而其极
具个性的嘴巴也说明兽脚类
恐龙的食性是多样性的。

胁空鸟龙

　　胁空鸟龙是一
种长着羽毛的恐龙，
古生物学家认为它
们能够飞行，而且会
像鸟一样生活在树
上，或许只有喝水和
捕食的时候，才会到
地面上来。

胁空鸟龙

生存年代：距今8 350万年前至7 060万年前的白垩纪晚期
学　　名：Rahonavis
学名含义：从空中发起进攻的鸟
食　　物：肉类
体　　形：体长约0.6米
化石发现地：非洲 · 马达加斯加岛

生机与危机并存的森林

　　动物的繁衍生息离不开水和食物，因而它们多以河道纵横、树木繁茂的森林为聚集地。然而，最富饶舒适的地方，往往也是最危险的地方。河水中，草丛里，密林间，那些看似平静的地方其实隐藏着重重危机。恐龙们要时时保持警惕，才能在这险恶的环境中生存下去。

比较大小

　　胁空鸟龙的体形很小，体长约为成年人臂展的三分之一。

树栖的胁空鸟龙

古生物学家根据研究发现，胁空鸟龙身上的诸多特征显示它们可以飞行，且飞行能力很强。另外，具有树栖特性的胁空鸟龙或许能够在树上做窝和产卵，这使得它们生活在树上的时间非常多，而只有在觅食和喝水的时候才会下到地面。

虽然具备这么多与鸟类相似的特征，但是，胁空鸟龙并不是鸟，而是一种驰龙类肉食性恐龙（驰龙类意为"小型奔跑者"）。

夕阳的余辉洒向马达加斯加岛，岛上树木葱葱茏茏，盘根错节，夕阳让翠绿的树叶上蒙上了一层金色的光辉。森林中一条清澈的小河缓缓流过，河滩上铺满了细碎的砂石，岸边生长着茂盛的绿色植物，其中有些还绽放着美丽的花朵。河边的一颗树向河面倾斜地生长着，一只胁空鸟龙就伫立在贴近河面的一根枝干上，想要喝水。胁空鸟龙没有发现，河水中还潜伏着一只鳄鱼。鳄鱼隐藏得非常隐蔽，只露出两只眼睛和一小截身体，它肤色暗沉，远远望去就像一段干枯的树干。而此时森林远处，一只恶龙正缓缓走来。

河中的鳄鱼，盯准了它的猎物——胁空鸟龙，它缓缓地靠近，绕到胁空鸟龙背后。这时河面上荡起了一层层涟漪，但这并没有引起胁空鸟龙的注意，它仍专心致志地喝水。鳄鱼见胁空鸟龙没有防备，突然从水中跃起，张开血盆大口，向胁空鸟龙猛扑过来。胁空鸟龙一惊，扇着翅膀快速地飞向岸边，成功地躲开了鳄鱼的袭击。

胁空鸟龙的身体特征

由于目前发现的胁空鸟龙化石很有限，因此研究时只能将其与相似的物种进行对比，进而推测出其身体的特征。

研究发现，胁空鸟龙全身覆盖羽毛，脚上长有弯爪，而这些特征是其被归为驰龙类恐龙的重要依据。同时，古生物学家将胁空鸟龙与始祖鸟进行比较，发现胁空鸟龙的前肢比始祖鸟的前肢更大、更强壮，且在其肩胛骨上发现了韧带的痕迹，这显示其前肢能够做出像鸟类飞翔时翅膀拍打的动作，这说明胁空鸟龙有很强的飞行能力。

潜伏在水中的鳄鱼

白垩纪晚期，鳄鱼家族的繁衍十分昌盛，为了适应环境变化，它们进化出了不同的体形，有的体长达到9米多，有的却不足1米。鳄鱼喜欢潜伏在靠近岸边的水中，偷袭去河边喝水的动物。

恐龙百答：在英格兰发现的恐龙还包括兽脚类的重爪龙、新猎龙，鸟脚类的曼特尔龙、禽龙及荒漠龙，甲龙类的多刺甲龙，蜥脚下目的畸形龙等。

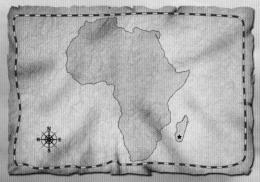

恶龙

生存年代： 距今7000万年前的白垩纪晚期
学　　名： Masiakasaurus
学名含义： 丑恶的蜥蜴
食　　物： 肉类
体　　形： 体长约2米，高约0.7米，体重约60千克
化石发现地： 非洲·马达加斯加岛

　　刚从森林中走出来的恶龙看到了跌跌撞撞的胁空鸟龙，本来要去河边捕鱼的它，没想到遇到了这样的惊喜。恶龙扑了上去，灵巧的胁空鸟龙一闪，就飞到树上去了，那里才是胁空鸟龙真正的乐园。恶龙扑了个空，不过这并没有影响它的心情，毕竟它的目标是河里的鱼。

比较大小

　　恶龙体形较小，高度还不及成年人的腰部。

恐怖的牙齿

恶龙长着一口恐怖的牙齿，它的名字或许也与这口牙齿有关系。一般肉食性恐龙的牙齿几乎都是垂直于下颌骨上缘的，而恶龙嘴巴前方的牙齿向外翻得十分严重，几乎是平行于嘴巴的，而且其牙齿尖端带钩，边缘有锯齿。这样"凶恶"的牙齿，看了让人毛骨悚然。

恐龙百答：棱齿龙。直到1974年，彼得·加尔东准确的分析了棱齿龙的肌肉和骨骼结构，才说服了大部分古生物学家，将棱齿龙从树上请到了地面上来。

牙齿

恶龙嘴巴前端的牙齿几乎与嘴巴平行，而且这些牙齿尖端有回钩，边缘带有小小的锯齿。

四肢

恶龙的四肢都很短，前肢上长着四个指头，而第四指已经退化得只剩下一根骨头。

恶龙来到水中，俯下身子，静静地观察着河水中的动静。突然它眼睛一亮，一条大鱼出现在不远处，正向这边游来。恶龙目不转睛地盯着大鱼，等它靠近一些，便以迅雷不及掩耳之势，一下子咬了上去，还没等大鱼反应过来，已经被一点点吞进肚子里。此时的非洲正值雨季，河里的鱼类数量很多，恶龙毫不费力地又在河里捕食了几条鱼，吃饱喝足后，它心满意足地向森林深处中走去。

多样的食物

从牙齿和下颚来看，恶龙似乎已经变成了专业的捕鱼者，不过它也捕食其他小动物。恶龙生活在白垩纪晚期的马达加斯加岛，该地区属于半干旱气候，雨季与旱季交替，当旱季来临时，河水可能干涸，恶龙无法捕食鱼类，就不得不捕食其他小动物来填饱肚子。

身体

恶龙身体细长，与其他同类恐龙相比，它显得又瘦又小，似乎营养不良。

恐龙百答：目前已知最小的恐龙是美颌龙。但在苏格兰最新发现了最小的恐龙的足迹长度只有1.78厘米，专业推测这种恐龙的蛋要比鸡蛋略小。

　　回到森林的胁空鸟龙惊魂未定，隐藏在树上休息，它向下望去，正看到另一只胁空鸟龙在空地上嬉戏，而在它的不远处，一只魔鬼蛙正隐藏在胁空鸟龙身后的灌木中。魔鬼蛙的皮肤呈黄绿色，和周围环境融为一体。如果不是胁空鸟龙站在树枝上，根本无法发现这里藏着一个可怕的陷阱。树枝上的胁空鸟龙刚要大叫提醒地面上的同伴，魔鬼蛙忽然纵身一跃，张开那带着口水的大嘴，用粗壮的舌头将地面上的胁空鸟龙卷到了嘴中。粗心的胁空鸟龙转瞬间就成为了魔鬼蛙的口中餐。

　　树上的胁空鸟龙张着嘴巴，半天合不上，它被吓坏了。它的脑海里一直浮现着同伴被魔鬼蛙吃掉的那一瞬间，它决定再也不会去地面上探险了，树上相对更安全。

　　此时，天色渐暗，河边渐渐安静下来。月笼轻纱，微风习习，树枝摇曳。皎洁的月光给河面镀了一层银霜，动物们也已经慵懒地进入了梦乡，准备迎接下一个黎明。

恐怖的魔鬼蛙

　　魔鬼蛙生存于白垩纪晚期，是一种巨大的蛙类，目前最大蛙类的体重约有3千克，而魔鬼蛙的体重可达4.5千克，体长可达半米，而且体表还可能覆盖有骨质的"盔甲"。

　　这些魔鬼蛙不像现在的蛙类喜欢水潭、沼泽这类潮湿的环境，它们会藏身于森林中，寻找机会捕食猎物。魔鬼蛙的食物不是蜗牛和蚊虫等小昆虫，而是蜥蜴和小恐龙。

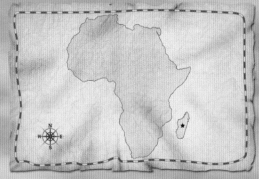

玛君龙

生存年代：距今7000万年前至6500万年前的白垩纪晚期
学　　名：Majungasaurus
学名含义：来自马任加的蜥蜴
食　　物：肉类
体　　形：体长6～7米，高约3.5米，体重约1200千克
化石发现地：非洲·马达加斯加岛

马达加斯加的王者之战

非洲大陆东南方的海面上，有一个美丽的岛屿——马达加斯加岛。在危机四伏、风起云涌的恐龙时代，这里每天都上演着追逐和猎杀的戏码。残暴凶猛的肉食性恐龙与体形巨大的植食性恐龙各自为营，一场王者之战正在上演。

干燥的风拂过马达加斯加岛的土地，此时正值旱季，太阳肆无忌惮地吐着焰火，似乎要将大地烤焦。不过干旱的气候并没有阻碍生命的脚步，平原上，一群玛君龙正在游荡。地面非常干燥，它们所到之处都扬起了厚厚的尘土。几只掠食龙在远处吃着植物的枝叶，在这干旱的季节，食物显得那样珍贵。

比较大小

玛君龙的高度约为成年人身高的两倍。

今非昔比的马达加斯加统治者

马达加斯加岛位于非洲大陆东南面的海上，是世界第四大岛。目前岛上生存着的最大的野兽是一种名为"Fossa"的哺乳动物，由于森林的限制，它的体长只有0.61～0.76米，尾巴大约0.66米。

但是，你知道吗？7000万年前，马达加斯加岛上的统治者是玛君龙，它光是头骨的长度就相当于Fossa的体长。玛君龙是目前在马达加斯加岛上发现的体形最大的肉食性恐龙，也是白垩纪晚期当地的最高统治者。

恐龙百答：前肢。玛君龙的前肢很短，腕骨没有骨化，并且没有爪子，其功能目前还不清楚。

掠食龙

生存年代: 距今7000万年前至6500万年前的白垩纪晚期
学　　名: Rapetosaurus krausei
学名含义: 恶作剧的蜥蜴
食　　物: 植物
体　　形: 体长约15米, 高约3.5米, 体重约8000千克
化石发现地: 非洲·马达加斯加岛

　　作为这片土地上体形最大的肉食性恐龙, 玛君龙是这里的统治者。这群玛君龙一看到这几只正在进食的掠食龙, 就立刻锁定目标, 它们至少要让一只掠食龙成为自己的食物。这几只玛君龙身体壮实, 追上那些笨重的掠食龙是轻而易举的事。

　　掠食龙很快就发现了来势汹汹的玛君龙, 它们马上行动起来, 希望在敌人来之前聚在一起, 这样相对强壮的成员可以保护那些瘦小的成员。

　　不幸的是, 一只中等大小的掠食龙刚刚赶到队伍的尾部, 就被这群玛君龙包围了。玛君龙绝不浪费时间, 马上开始对猎物围剿。

尾巴

　　与粗壮的身体和细长的脖子相比, 掠食龙的尾巴细而短, 能够控制方向。

比较大小

掠食龙体长大约是成年人臂展的8.3倍。

嘴巴和牙齿

掠食龙的嘴巴扁而窄，口腔两侧长有成排细长的铅笔形牙齿，非常适于撕裂树叶，但是并不适用于咀嚼。

这几只玛君龙迅速将这只可怜的掠食龙包围起来，其中一只玛君龙猛地扑到掠食龙身上，掠食龙受到了重重的撞击，踉跄了一下。其他几只玛君龙又趁机对掠食龙发起了攻击，它们咬住掠食龙的四肢和脖颈，尖利的爪子在掠食龙的皮肤上留下了一道道血痕。掠食龙终于支撑不住，瘫倒在地上，它已无力反抗，只能成为这些残暴掠食者的盘中餐。

身体

掠食龙的身体强壮，加上它们用四足行走，你会不由得联想到大象，只不过它们比大象更大。

恐龙百答：因为掠食龙的皮肤中长有巨大、中空的骨骼，所以特别厚，大约是大象皮肤厚度的7倍。 ◀

玛君龙的命名

　　玛君龙的发现与命名过程并不顺利，可谓一波三折。早在1896年，法国人就在马达加斯加岛的西北部发现了几块兽脚类恐龙化石，包括两颗牙齿、一个指爪和一些脊椎骨。法国生物学家将其归入蛮龙属，并且命名为凹齿斑龙。

　　但是，随着越来越多的恐龙化石被发现，这些化石的归属也随之不断发生变化。

　　直到20世纪初，古生物学家终于根据发现的大量骨骼化石拼凑出近乎完整的玛君龙骨架，并最终确定了其物种和属名。

身体

　　玛君龙身体强壮，骨骼结实，脊椎骨和肋骨十分坚固，保护着胸部和腹部的器官。

同类相食

　　玛君龙之间存在着激烈的竞争关系，它们会为了争夺食物或领地而打斗、互相伤害，甚至会吃掉同类。古生物学家曾经在一具成年玛君龙的胃部化石中发现了幼年玛君龙的残骸，这体现了玛君龙的残忍本性。玛君龙是目前已知的唯一一种会同类相食的兽脚类恐龙。

这几只玛君龙迫不及待地享用它们的战果，它们围在死去的掠食龙身边，大口大口地撕咬着。就在它们享受胜利的喜悦时，其中两只玛君龙互相打斗起来。这两只玛君龙毫不留情地撕咬着对方，利爪在对方的身上留下一道道抓痕，场面非常惨烈。仅仅为了争夺更多的食物，就这样的厮杀自己的同类，足以暴露玛君龙残暴的本性。

脖子

玛君龙的脖子十分强壮有力，能够保持头部的稳定性，尤其在它咬住那些并不打算束手就擒的猎物时，能助其一臂之力。

头部

玛君龙的头骨有60～70厘米长，短而高，口鼻部前端显得很钝。

牙齿

玛君龙共有34颗牙齿，牙齿大约有2.5厘米长，边缘带有锯齿，十分锋利。其牙齿结构适合直接咬碎猎物的肉，而不适合咬住猎物跟它们角力。

恐龙百答：玛君龙的呼吸方式类似鸟类，这种呼吸方式每次都能够帮助玛君龙获得更多的氧气。 ◀ **79**

白垩纪晚期的南美洲

　　白垩纪晚期，阿根廷的巴塔哥尼亚地区是生活在南美洲的动物们的天堂。这一地区在白垩纪晚期是一处海岸平原，很多河流流经此地注入大海，而且这里还有很多季节性河流，这些河流将肥沃的泥土冲到了周围的平原上。加上濒临海洋，气候湿润，因此这里的植物非常繁盛。

南美洲

▲ 白垩纪晚期南美洲所在位置

阿根廷龙

　　阿根廷龙是一种体形庞大的植食性恐龙，体长30～40米，如同会行走的山丘。它们的前肢上长有巨大的指爪，可以作为防御武器。

南美洲的恐龙们

　　白垩纪晚期的南美洲生存着数量和种类众多的恐龙。当时，滨海平原与远离海岸的地方同样植被繁盛，这给当时生活在此地的大量植食性恐龙，如体形庞大的阿根廷龙，提供了丰富的食物。而南方巨兽龙等凶狠的恐龙则活动在森林或开阔地，以寻找食物。

食肉牛龙

　　食肉牛龙是一种体形较大的肉食性恐龙，眼睛上方长着两只短而粗的角，使它看起来像一头愤怒的公牛。食肉牛龙后肢健壮，奔跑速度很快。

南方巨兽龙

　　南方巨兽龙是一种体形巨大的肉食性恐龙，体长13米多，头骨的长度接近2米。它的嘴巴里长有约20厘米的匕首状牙齿，善于撕咬猎物。

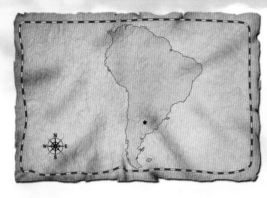

南方巨兽龙

生存年代： 距今1亿年前至9200万年前的白垩纪中期
学　　名： Giganotosauru
学名含义： 来自南方的巨大蜥蜴
食　　物： 肉类
体　　形： 体长约13.5米，高约4.5米，体重约11000千克
化石发现地： 南美洲·阿根廷

君王的更替

恐龙世界如人类社会一样，也经历着王朝更替，没有永远的"帝王之族"，也没有不可替代的君王。白垩纪早期，南半球的土地一直都被鲨齿龙科的大型肉食性恐龙统治着，但是它们并不是没有竞争者，从北方迁移过来的角鼻龙家族的阿贝力龙开始慢慢崛起。鲨齿龙科的南方巨兽龙和阿贝力龙科的食肉牛龙分别是这两种恐龙的佼佼者，它们都是自己所处时代的统治者。

南半球的原始帝王

南方巨兽龙是鲨齿龙科恐龙的代表，是白垩纪晚期南半球原始居民的代表，它们用巨大且强壮的身体捍卫着自己的国土。南方巨兽龙是目前发现的体形最大的肉食性恐龙之一。当然，如此庞大的肉食性恐龙并不会随意猎杀其他小型恐龙，它们的目标是体长超过30米的巨型蜥脚类恐龙。

比较大小

南方巨兽龙体长大约是成年人臂展的8倍。

一群南方巨兽龙穿梭在森林中，轻松随意的步伐显得它们很悠闲。南方巨兽龙拥有巨大的身体，一只看起来就很恐怖，如果是一群，那看起来更加威武、凶猛！其他动物一直坚信，只要南方巨兽龙不向自己发动攻击，这个世界就是和平的。

走在队伍最后的是一只刚成年不久的南方巨兽龙。它最近觉得世界变得有些奇怪，几乎所有出现它面前的动物都是一对对的，就连空中飞的蝴蝶也是如此。它左右张望着，觉得现在应该离开队伍，去寻找属于自己的另一半。

恐龙百答：阿根廷的沙漠，那具化石包含了一只南方巨兽龙大约35%的骨骼。 **85**

　　这只南方巨兽龙的脚步越来越慢，它和其他伙伴的距离越来越远，最后它转过头，向队伍相反的方向走去。

　　几天之后，它在河边喝水的时候，瞥见远处的大树下窝着一个巨大的身影。当它看清楚这个身影的主人时，觉得整个世界都亮了——那就是自己要寻找的另一半。它匆匆忙忙又小心翼翼地奔向那只雌性南方巨兽龙……

　　现在，这只南方巨兽龙再也不用羡慕其他动物了，因为它也找到了伴侣。

南方巨兽龙的捕猎方式

　　南方巨兽龙捕猎时的主要武器是其锋利的牙齿。与霸王龙香蕉状的粗壮牙齿不同，南方巨兽龙的牙齿虽然很大但是很薄，这使它无法一口咬死猎物，所以它在对付大型猎物的时候会不停地撕咬猎物，尽量多地制造伤口，使猎物因失血过多而死。

前肢

　　南方巨兽龙的前肢较短，每只手上长有三个手指，末端长有弯曲的爪子。

超长头骨

南方巨兽龙长有一个巨大的脑袋，目前发现的最大的南方巨兽龙，头骨长达1.92米，是目前发现的最长的肉食性恐龙头骨。它的头骨结实，颚骨宽大，牙齿锋利，能够轻松地咬碎猎物的骨头。

牙齿

南方巨兽龙的牙齿长约20厘米，向后弯曲，外形很像短刀，边缘有锯齿，适合切割。旧牙损坏后，会长出新牙来替补。

后肢

南方巨兽龙的后肢很长，而且骨骼粗壮、肌肉强健，能轻松支撑起沉重的身体，也使它们拥有很快的奔跑速度。

食肉牛龙

生存年代：距今7500万年前的白垩纪晚期
学　　名：Carnotaurus
学名含义：食肉的牛
食　　物：肉类
体　　形：体长约9米，高约3米，体重约1500千克
化石发现地：南美洲·阿根廷

比较大小

　食肉牛龙体长大约是成年人臂展的5倍。

奔跑的杀戮者

古生物学家研究后认为，食肉牛龙的奔跑速度可达每小时50千米，可能是奔跑速度最快的肉食性恐龙之一。如果食肉牛龙生活在现在，它可以追上行驶的小汽车。

根据食肉牛龙擅长奔跑这个特性，古生物学家推测了它们的捕食方式：它们会在平原上展开杀戮，它们确定猎物后会全速直追。凭借着高速的奔跑，食肉牛龙很容易追上猎物，然后展开攻击，杀死猎物。

白垩纪晚期南美洲的巴塔哥尼亚高原上，纵横着一条条河流。河水匆匆忙忙，一秒都不愿停歇、拼命地奔向大海。尽管河水是这里的过客，但是却滋养了这片土地，给这里带来了无限生机。一片片森林和草地，沿着土地延伸着，为生活在这里的植食性动物提供了丰富的食物，而各种各样的植食性动物则成为了肉食性动物的猎物……

一只食肉牛龙在树林中四处张望，它正在追踪着自己的猎物——就在刚才，它成功将一只小头龙从族群中驱赶出来——没想到这只小头龙发了疯似地跑进了树林，一转眼就不见了。食肉牛龙跟着空气中小头龙的气味，来到了小河边。可在这里，食肉牛龙再也找不到猎物的气味了，因为奔腾的河水带起了水雾，掩盖了周围动物的气味。但食肉牛龙不会轻易放弃，它知道自己的猎物一定会顺流而下，在河水的掩护下寻找生机……

　　食肉牛龙的判断没有错，它很快就在河边发现了小头龙的踪迹，接着便发现了对方的身影。食肉牛龙用恐怖的吼声宣布了自己的到来。在食肉牛龙的驱赶下，这只小头龙只能放弃树木的掩护，奔向平原。
　　小头龙在平原上拼命地跑着，可是依然无法摆脱食肉牛龙，而且食肉牛龙离自己越来越近，它觉得死亡就要来临了。

前肢

　　食肉牛龙的前肢短小，大多数兽脚类恐龙的前肢掌心都是朝向身体内侧，而食肉牛龙的前肢掌心是朝后上的，好像没有什么实际用处。

别看食肉牛龙身强体壮，但是它奔跑速度很快。现在，食肉牛龙死死地盯着身体右侧的小头龙。当距离足够近时，食肉牛龙一边跑着，一边张开大嘴咬向小头龙……很快，食肉牛龙开始享用自己的食物。

这只食肉牛龙或许不会想到，在几千年之前，它的祖先和鲨齿龙科的恐龙竞争激烈，幸运的是它们在进化中取得了胜利，占据了南方大陆食物链的顶端位置，成就了现在它的幸福生活。

短角

食肉牛龙的眼睛上方长着一对短而粗的角，这使它看上去像一头公牛。这对角可能被用来恐吓对手，也可能会被作为武器使用。

眼睛

食肉牛龙的双眼朝向前方，它们视力不错，有准确的空间感和立体感。

牙齿

食肉牛龙的牙齿弯曲细长，边缘带有锯齿，长度约4厘米。虽然食肉牛龙的牙齿较小，但是对付那些比它小的猎物是不成问题的。

脖子

食肉牛龙的脖子很长，活动灵活。其颈部与头骨和下颌之间存在着强大的肌肉群，使它具有很强的咬合力。

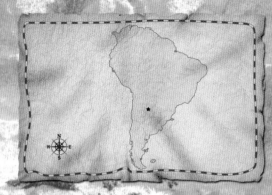

阿根廷龙

生存年代：距今9700万年前至9400万年前的白垩纪晚期
学　　名：Argentinosaurus
学名含义：阿根廷的蜥蜴
食　　物：植物
体　　形：体长30～40米，高约8米，体重60 000～88 000千克
化石发现地：南美洲南部

巨龙诞生

　　从古至今，每一个强壮的个体都必须经历从诞生到成长的过程，恐龙也不例外。它们要面对激烈的生存斗争，甚至从一出生迎接它们的就不是母亲慈爱的脸庞，而是杀手凶狠的目光。一个个看似弱小的生命实则顽强无比，它们将经过生命的洗礼与沉淀，才能成为真正的强者——这正是阿根廷龙一生的写照。

比较大小

　　阿根廷龙是真正的庞然大物，高度大约是成年人身高的4倍多。

清澈的河水泛着点点金光，静静地流淌在绿色的怀抱之中，一眼望去，细沙绵绵，沙水相依，浑然一体。

一群阿根廷龙正踱步在这片美丽的河滩上。去年的这个时候它们就是在这里产下了恐龙蛋，现在它们故地重游，依然准备在这里繁殖后代。这群阿根廷龙已经在这里休息了几天，现在它们要为产蛋做最后的准备了。

改变环境的庞然大物

蜥脚类恐龙在侏罗纪时期生长到极为庞大，到了白垩纪时期，由于气候、环境的变化，大部分蜥脚类恐龙都消失了。但是，有一种恐龙生存了下来，而且进化得比祖先更庞大，那就是阿根廷龙。阿根廷龙是群居动物，以树叶为食，经常几十只组成一个群体，在平原上寻找食物。它们喜欢停在森林边缘，大口吃树上的树叶。为了吃到新鲜的树叶，它们会用庞大的身体推倒森林外围的树木，这在一定程度上改变了环境。

　　这片河滩的沙土松软舒适，特别适合恐龙蛋孵化。这时，队伍当中的一只雌性阿根廷龙大概已经找到了合适的地方。这只阿根廷龙在细软的沙地上刨了一个大坑，之后它立着身体将恐龙蛋产在筑好的蛋巢里。它的恐龙蛋几乎是球形的，外面还包裹着一层黏液，这黏液能更好地保护恐龙蛋，使它即使掉落下来也不会摔碎。产蛋后，这只阿根廷龙轻轻地用沙土将恐龙蛋掩埋起来，之后就离开了蛋巢，它为自己的孩子所做的就只有这些了。接着，其他的雌性阿根廷龙也陆陆续续地产下恐龙蛋。这群阿根廷龙一边移动，一边产蛋，没有多久，整片河滩就布满了密密麻麻的阿根廷龙的蛋。

阿根廷龙有多大?

　　毫不夸张地说，阿根廷龙如同行走的山丘，成群结队地运动起来地动山摇、遮天蔽日。阿根廷龙的长脖子加上四肢和身体的高度，使它们的脑袋离地高度可达10米以上，这样的高度可以让这些大家伙俯瞰周围的一切。那阿根廷龙到底有多高呢？形象地说，差不多是两头成年长颈鹿的高度之和。如果阿根廷龙依然存活的话，小朋友需要站在5层楼上，才能摸到阿根廷龙的头部。

恐龙百答：科学家推测，恐龙喜欢在靠近水源、地势较高、光照充足的地方产蛋

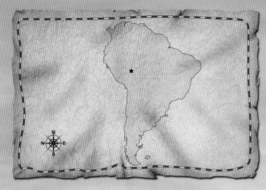

蝎猎龙

生存年代：距今9700万年前至9400万年前的白垩纪晚期
学　　名：Skorpiovenator
学名含义：蝎子猎人
食　　物：肉类
体　　形：体长约7米，高约3米，体重约1800千克
化石发现地：南美洲

　　这些恐龙蛋接受着阳光的恩泽与沙土的庇护，四十多天后，随着蛋壳的破裂，一个个小生命诞生了。小阿根廷龙们终于睁开眼看到了外面的世界，可这群可怜的小家伙，一出生就要面临巨大的挑战。

　　河滩上，几只蝎猎龙徘徊着——阿根廷龙群已经不知去向。寂静的原野上响起咔嚓咔嚓的破壳声。急切寻找猎物的蝎猎龙被这细微的声音吸引，眼中立即透露出喜悦的光。它们冲了过来，注视这个蛋——一只小阿根廷龙刚刚从蛋里探出脑袋，还没有看清楚这个世界是什么样子，就被这三个恐怖的家伙分食了！

比较大小

　　蝎猎龙是大型肉食性恐龙，高度大约是成年人的1.7倍。

巨兽中的"小不点"

　　蝎猎龙体长约7米，如果它生活在三叠纪晚期，那么它们无疑是当时南美洲体形最大的肉食性恐龙，因为它比当时的霸主恶魔龙还要大很多，恶魔龙的体长只有4米多。

　　但是，蝎猎龙生活在白垩纪晚期，那是一个巨兽云集的时代：肉食性恐龙马普龙体长可达13米，几乎是蝎猎龙体长的2倍；植食性恐龙阿根廷龙更可怕，它们的体长可达40米。因此，生活在这个世界中，蝎猎龙只是个普通的"小不点"。

恶魔龙　　　　　　　　　　　　　　　　　　蝎猎龙

恐龙百答：目前只发现了一具蝎猎龙的化石，但是化石十分完整，只缺少大部分前股和部分尾巴。　　◀**97**

　　第一个从蛋里出来的小阿根廷龙非常不幸，但是它却救了其他伙伴的命。就在蝎猎龙分食刚刚出生的生命时，有更多的小生命来到了这个危机四伏的世界，它们慌慌张张地从蛋壳中逃出来，向自认为安全的地方逃去……蝎猎龙的屠杀还在继续，但是它们不会、也无法猎食所有的小阿根廷龙，因为在这天会有上千只小阿根廷龙来到这个世界……

逃过一劫的小阿根廷龙成群结队地在一起寻找安全的地方躲避。它们很快就意识到，成群出没是最安全的，至少有逃跑的机会，如果幸存下来，就有机会成长为这片土地上最大的陆生动物。

白垩纪晚期的亚洲

　　白垩纪晚期，地球上的大陆板块仍旧在不断漂移、碰撞、裂解。南北半球的中低纬度地区因为离赤道比较近，是地球上最容易形成沙漠的地区，而当时中国的很多地区正是位于北半球的中低纬度地区，因此气候炎热干燥，之前生物繁盛的地区已经变得不适合生物大规模生存。

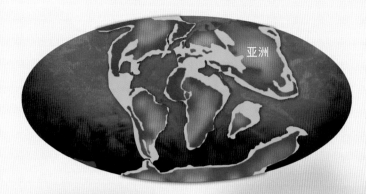

▲ 白垩纪晚期亚洲所在位置

诸城暴龙

　　诸城暴龙是一种体形较大的肉食性恐龙，身体强壮，口中长有巨大锋利的牙齿，咬合力巨大。

鸟面龙

　　鸟面龙是一种长羽毛的杂食性恐龙，是目前发现的体形最小的恐龙之一。鸟面龙有非常好的视力和非常快的奔跑速度，这两种特长十分有利于它们的生存。

镰刀龙

　　镰刀龙是一种植食性恐龙，肚子很大，行动缓慢，看起来笨笨的。但是它们前肢上长有3个长度超过1米的大爪子，这是它们的防身工具。

亚洲的恐龙们

中国的辽西地区在侏罗纪晚期至白垩纪早期，曾经是"热河生物群"的典型代表地区，但是到了白垩纪晚期，由于气候变化等原因，这里几乎没有恐龙的踪影了。而纬度较高的一些盆地，如蒙古国的巴音扎达盆地和中国内蒙古的二连盆地，则有很多生物生息繁衍。另外，中国的山东和河南某些地区，气候环境相对较好，比较适合恐龙生存。

特暴龙

特暴龙是暴龙科恐龙，体长可达12米，重约7500千克。和暴龙科的近亲相比，特暴龙嘴部较窄，腿长比例不如暴龙科里其他的近亲长，前肢比例是暴龙科里最短小的。

伶盗龙

伶盗龙体形较小，体长1.8米左右，但是它们却是很凶猛的肉食性恐龙，脚上长着约7厘米长的大爪子，是它们捕猎时的主要工具。

恐龙百答：恒温动物就是热血动物，如鸟类和哺乳类，它们通过自我调节来维持稳定的体温，不受外界环境影响。 ◀**103**

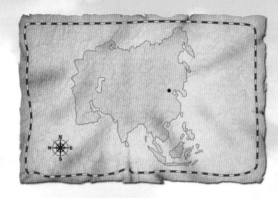

汝阳龙

生存年代： 距今8500万年前至8000万年前白垩纪晚期
学　　名： Ruyangosaurus
学名含义： 汝阳的蜥蜴
食　　物： 植物
体　　形： 体长约30米，高约10米，体重约60000千克
化石发现地： 亚洲·中国

艰难的旱季

　　温暖湿润的雨季让大地生机勃勃，丰富的资源让恐龙们"丰衣足食"。可每当旱季来临，它们就要度过一段艰难的日子。水源干涸，食物匮乏，给生存竞争本就激烈的恐龙带来了更多挑战。面对恶劣的环境，一些恐龙尽管努力地挣扎，但还是难逃死亡的厄运。

比较大小

　　汝阳龙是一种体形非常巨大的蜥脚类恐龙，长度是成年人臂展的17倍左右。

在经历了植被丰茂的雨季之后，秦岭以东、伏牛山拐角的盆地又迎来了一年一度的旱季。在盆地中央的平原上，河流几近干涸，树木也没有了往日郁郁葱葱的样子。几只汝阳龙正在漫无目的地游荡着，在队伍中间还有几只年幼的汝阳龙。耀眼的阳光让它们很难睁开双眼，它们已经游走了整整两天，可还没有发现水源。远处的空地上只见黄土不见碧草，它们口干舌燥，急需一场甘霖的滋润，哪怕是涓涓细流。

能"治病"的恐龙化石

很早以前，中国河南汝阳县的农民耕作时，在土地中发现了一种外形奇特的石头。这些石头掌在手里，重量和普通的石头差不多，但是外形却很像动物的骨骼。除了外形奇特之外，人们还发现，将这些石头磨成粉末后，擦在伤口上，竟然可以止血、止痛。人们把这些骨头称为"龙骨"。

直到2006年，古生物学家才开始对这些奇怪的石头进行系统的挖掘。经过细致地挖掘和研究，2009年，古生物学家们正式命名了汝阳龙。

　　队伍中的一只小汝阳龙看起来已经很虚弱了，它跟跟跄跄地跟在队伍后面，它身体里的能量已经无法满足它庞大的身躯。这只小汝阳龙跟着队伍又走了几十米后，终于支撑不住了，它重重地摔倒在地上。可怜的小汝阳龙已经瘦得皮包着骨头，它无论怎样努力都不能重新站起来，最后它连呻吟的力气都没有了。它还是死去了，没能等到雨季的来临。

恐龙家族中的"巨无霸"

　　植食性的汝阳龙也是恐龙家族中的"巨无霸"，跟著名的阿根廷龙不相上下，而它的单个脊椎骨直径有50多厘米，比阿根廷龙的还要大1厘米。目前发掘出来的巨型汝阳龙复原后长达38米，体重达130 000千克，这相当于20头成年大象的重量，是目前发现的骨架最粗壮、体重最大的恐龙。

过了不久，雨季来临了。厚重的乌云遮蔽了天空，一声巨雷过后，天空突然下起了暴雨。瓢泼似的大雨落在死去的小汝阳龙身上，可惜它已经感觉不到雨水的清凉。

看似带来希望的及时雨却隐藏着巨大的风险。持续干旱过后，土壤的蓄水能力变低，强烈的降水，引发了山洪。雨水席卷着沙土从高处滚滚而来，将死去的小汝阳龙掩盖，同时也吞噬了其他动物的生命，大量的尸体顺着水流方向沉淀于盆地底部。亿万年后，这些尸体在被泥沙封闭的无氧环境中慢慢石化，变成了化石。

伶盗龙

生存年代：距今8300万年前至7000万年前的白垩纪晚期
学　　名：Velociraptor
学名含义：敏捷的盗贼
食　　物：肉类
体　　形：体长约1.8米，高约1米，体重约20千克
化石发现地：亚洲·蒙古国

　　连绵不绝的沙丘，裸露的岩石，还有如同绿宝石一样镶嵌在荒漠中的绿洲，这就是8000万年前的蒙古。和现在相似，那里广阔而荒凉。就是这样的环境供养了各种各样的动物，伶盗龙就是其中之一。

　　在一个金色的沙丘后面，几只伶盗龙正在沙地中穿行，它们瞪着大眼睛，一边观察着周围环境，一边搜寻着猎物的身影，它们凭借着颜色和环境极为相近的外表，几乎和环境融为一体。

比较大小

伶盗龙体形较小，体长与成年人臂展差不多。

聪明、凶狠的代名词

伶盗龙的体形不大，跟火鸡差不多。它是一个聪明又凶猛的猎手，人们发现的化石展示了伶盗龙的特性。这具名为"搏斗中的恐龙"的化石完美地保留了一只伶盗龙和一只原角龙打斗的姿势。古生物学家一直以为伶盗龙在与猎物打斗时，会用爪子踢破猎物的肚子，但在这具化石中，伶盗龙一只后脚的爪子正位于原角龙的颈部，这说明聪明凶狠的伶盗龙懂得寻找猎物的要害，一击致命。

以智取胜

物竞天择，适者生存。随着时间指针的转动，环境在不断地发生着改变，为了更好地生存下去，恐龙也在不断进化，它们掌握了更多的生存本领。它们意识到，单凭强健的身躯，已不足以在这危机四伏的大地上占有一席之地。于是，它们变得更加聪明，开始懂得用智慧取胜。它们知道要怎样围攻猎物，怎样找准要害，一击制敌，达到四两拨千斤的效果。

恐龙百答：蒙古是古生物学家的天堂，在那里除了发现鹦鹉嘴龙之外，还发现了伶盗龙、原角龙、窃蛋龙等大量恐龙化石。

　　它们走了一会儿，突然发现沙丘下面几只鸟面龙正卧在沙堆里，懒洋洋地晒着太阳。几只伶盗龙悄悄地靠近这几只鸟面龙，它们可不想惊扰到这几只猎物，因为鸟面龙的奔跑速度实在是太快了。就在伶盗龙们要接近鸟面龙的时候，其中一只伶盗龙一不小心踩到了一节枯树枝，"咔"地一声打破了空气中的寂静。鸟面龙非常警觉，它们察觉到有危险到来，一下子站立起来，撒腿就跑。

　　这几只伶盗龙立刻冲了上去，地面上顿时黄沙四起。它们目不转睛地盯着其中一只鸟面龙，展开带有飞羽的前肢，将身体调整到最佳运动姿势。可是鸟面龙跑得比伶盗龙快多了，它们之间的距离拉得越来越远，只见鸟面龙一个转身，转到了一座山丘的后面，等伶盗龙转过来时，鸟面龙已经不见了踪影。

身体

　　伶盗龙身体较瘦，身上长有毛发，纤瘦细长的身体使它奔跑起来非常轻松、非常快。

后肢

　　伶盗龙的后肢长而健壮，长有四趾，其中第一趾已经退化，第二趾则特化成为专用的猎杀工具——一个大而弯曲的约7厘米长的爪子。

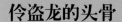

眼睛

伶盗龙长着一双大眼睛，视力不错，使得它们的距离感很好。

牙齿

伶盗龙有25～28颗牙齿，牙齿间隔比较大，每颗牙齿都带有锯齿，这种结构可以轻松撕开猎物的皮肤。

头部

伶盗龙的脑袋长约25厘米，外形狭长，前低后高。

第一种被发现的恐龙蛋

原角龙的蛋化石是第一种被发现的恐龙蛋化石，这些蛋化石的发现证明了恐龙是卵生的。从发现的蛋化石来看，原角龙会以群体为单位筑巢，每个巢穴中有20多枚恐龙蛋。原角龙的蛋呈椭圆形，长约10厘米，宽约5厘米。

　　这次的狩猎一无所获，伶盗龙再一次重新回到寻找猎物的起点。这时候已是黄昏，伶盗龙不得不分头行动，其中两只登上了小山丘的顶端，看看远处是否有可以猎杀的动物，还有几只伶盗龙钻进了灌木丛，那里或许隐藏着一些小型哺乳动物或恐龙蛋……

　　突然，一只在灌木丛中搜索的伶盗龙不知被什么东西绊了一下。它稳住身子，低头一看，原来是一窝恐龙蛋。这只伶盗龙兴高采烈地呼唤着它的同伴，因为它非常清楚这是原角龙的蛋，也就是说附近一定还有很多原角龙的蛋巢，这些蛋足够它们饱餐一顿了。

恐龙百答：中华龙鸟。它的发现颠覆了人们对恐龙的传统印象。 ◀**113**

原角龙

生存年代：距今8000万年前至7000万年前的白垩纪晚期
学　　名：Protoceratops
学名含义：第一个长有角的脸
食　　物：植物
体　　形：体长2～3米，高约0.7米，体重150～300千克
化石发现地：亚洲·中国

　　正当这群伶盗龙想要享用美食的时候，伶盗龙们发现一只原角龙从外面回来了。它们立刻不再打恐龙蛋的主意了，因为鲜美的肉要比恐龙蛋美味多了。趁原角龙还没有发现异常时，这群狡猾的猎手躲在了灌木丛中。

　　白天的时候，这只原角龙在寻找食物的时候离群了。它顾不得吃东西，终于在太阳落山之前赶回了自己的巢穴。尽管还没有发现同伴的身影，但原角龙已经放松了警惕，它绝想不到这里居然隐藏着可怕的敌人。身经百战的伶盗龙，深知这个长着项盾的家伙的弱点。

比较大小

原角龙高约0.7米，还不到成年男子的腰部。

当原角龙走进伶盗龙的包围圈后，这几只伶盗龙猛地扑向原角龙。尽管这群猎手并没有它们的猎物高大，但这并不妨碍它们杀死猎物。伶盗龙们团团围住原角龙，时不时地用脚上的第二趾袭击无处可逃的原角龙。开始时，原角龙不停地用四肢乱刨，晃动头部，用自己鹦鹉型的嘴巴驱赶袭击者，但渐渐地它的力气耗光了，动作也变得缓慢起来。一只伶盗龙看准时间，一下子跃到了原角龙身上，将后肢尖锐的第二指深深地刺在原角龙柔软的脖子中。

这场战争结束了，伶盗龙心满意足，它们为自己感到自豪，因为在这危机四伏的戈壁荒漠中，它们凭借着自己的智慧和凶猛，赢得了一席之地。

千万年前的"大漠绵羊"

原角龙不同年龄段的化石经常被一起发现，这表明原角龙可能是整个家族一起活动。古生物学家推测，原角龙的社会结构比较牢固，成年原角龙会一起抚养和保护幼龙。它们的这种行为模式很像现在的绵羊，因此古生物学家给原角龙取了一个形象而有趣的外号——大漠绵羊。

鸟面龙

生存年代：距今约8 000万年前至7 500万年前的白垩纪晚期
学　　名：Shuvuuia
学名含义：像鸟一样
食　　物：杂食
体　　形：体长约0.6米，高约0.3米，体重约2.5千克
化石发现地：亚洲·蒙古国

奇特的转变

　　动物的改变一般都是与生态的变化同步进行的。为了适应大自然的变化，使自己能更好地生存和发展，一些动物甚至会改变自己的身体结构。对于恐龙来说，一亿多年的生存历史使它们发展出了各种形态。不同种类、不同体形的恐龙为了找到自己适合的生态位，努力向更先进、更复杂的方向进化着，但同时一些恐龙的身体也发生了退化。多兽脚类恐龙的前肢与指爪的退化大家并不陌生，而像鸟面龙这样，独有一指强壮而其他指退化的，可真称得上是奇特的转变了。

比较大小

　　鸟面龙小巧玲珑，体长只有成年人臂展的三分之一。

　　炎炎烈日无情地烘烤着北方的沙漠，一股股热浪不断袭来。起起伏伏的沙丘一直绵延到大地的尽头，一切都显得那么渺小。在一片空地上，一只鸟面龙正围着一座高高的像小塔一样的白蚁巢打量。

　　这只鸟面龙刚刚摆脱了一群伶盗龙的追捕，累得几乎要晕倒了。幸亏它遇到了一座白蚁巢，可以美美地饱餐一顿了。

　　鸟面龙仔细观察这座白蚁巢。它根据以往的经验，找到了最佳的挖掘位置。它将前肢上的单爪插进白蚁巢，在白蚁巢上面开了一个小洞。

食蚁专家

　　鸟面龙的后肢很长，前肢却特别短小并已经退化，这样的退化是为了整个身体的进化。

　　鸟面龙的前肢虽然很短，但是很强壮，而且前端长有长长的指爪。这种独特的身体结构其实是为了方便鸟面龙取食。原来，鸟面龙前肢上的指爪可以作为挖掘白蚁穴的工具，而它那细长的、长有小牙齿的嘴巴则十分适于吃虫子。可以说，鸟面龙的身体就是为了吃白蚁而专门进化的。

恐龙百答：在小盗龙被发现之前，全球发现的长羽毛的恐龙有中华龙鸟、原始祖鸟、尾羽龙、北票龙、中国鸟龙，小盗龙是第六种被发现的长着羽毛的恐龙。

窃蛋龙

生存年代： 距今8000万年前至7000万年前的白垩纪晚期
学　　名： Oviraptor
学名含义： 偷蛋的贼
食　　物： 杂食
体　　形： 体长约2.5米，高约1.3米，体重约40千克
化石发现地： 亚洲·蒙古国

比较大小

窃蛋龙的体形比鸵鸟稍小一些，高度大约到成年男子的胸部位置。

天空聚拢着黑压压的乌云，狂风四作，让人胆战心惊，突然一道电光划破天际，顿时雷声轰鸣，不一会儿就下起了大暴雨。一只原角龙手足无措地站在一片空地上，它被这突如其来的暴雨吓到了。狂风夹带着雨点，像鞭子一样抽打在原角龙的身上，它必须找个地方躲雨。

这时，原角龙发现在不远处的山丘侧面有一片灌木，那正是避雨的好地方。它顾不得那么多，飞快地向灌木丛跑去。当原角龙越来越靠近灌木丛时，它才发现这里还有一只恐龙——一只正在守卫自己巢穴的窃蛋龙。

孵蛋的窃蛋龙

　　从化石研究的结果来看，窃蛋龙像很多恐龙一样，具有强烈的母性，会细心地照顾自己的孩子。窃蛋龙会自己孵蛋，孵蛋的时候，它们会趴在巢穴中，前肢自然地放下来，盖住巢穴的两侧，这和今天鸟类的孵蛋姿势相似。

恐龙百答：温血动物所吃的80%的食物都转化为热量。如果体温散失，它们就必须进食更多的食物。羽毛是很好的隔热层，现今发现了越来越多长有羽毛的恐龙化石，而且它们并不都会飞行。

119

窃蛋龙也发现了离自己越来越近的原角龙，它向原角龙大声吼叫，示意原角龙最好不要靠近自己的领地。面对窃蛋龙的恐吓，原角龙犹豫了，它停了下来，可怜巴巴地看着窃蛋龙。就在这时，一个闪电划破长空，接着雷声呼啸而来，原角龙吓坏了，它顾不得窃蛋龙的阻拦，一下子窜到了灌木丛中，险些踏在了窃蛋龙的蛋上。窃蛋龙气坏了，连忙扑在自己的巢穴上，用嘴驱赶着原角龙。就在这时，不幸发生了，大暴雨造成了塌陷，山丘瞬间瓦解，变成了稀泥。窃蛋龙和它的巢穴，以及原角龙，很快被泥土掩埋了，它们死亡的时候还保持着原来的姿势。

后肢

窃蛋龙的后肢长而健壮，是强有力的运动器官，其长长的胫骨和拓骨说明它们可以在沙漠中快速奔跑。

身体

窃蛋龙的脖子细长，身体强壮，尾巴较短。同时，窃蛋龙的身上长有颜色艳丽的羽毛。

名字来源

　　1920年，一位古生物学家发现了一批恐龙蛋化石和恐龙化石。当清理恐龙蛋化石时，古生物学家在蛋的上方发现了一种从未见过的恐龙化石碎片，而在蛋的周围还发现了一具原角龙的化石。根据化石的形态，这位古生物学家认为这只恐龙是在一次胆大妄为的偷窃活动中死亡的，因此他为这只恐龙取了一个带有侮辱性的名字——"窃蛋龙"。

头部

　　窃蛋龙头部较小，头顶上长着一个奇特的头冠，像戴了一项小帽子。

嘴巴

　　窃蛋龙的嘴里没有牙齿，其嘴巴已经进化成为坚硬光滑的角质喙，能用来压碎坚硬的食物。

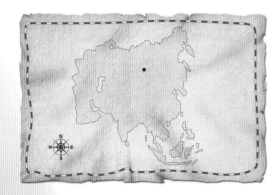

特暴龙

生存年代：距今7400万年前至7000万年前的白垩纪晚期
学　　名：Tarbosaurus
学名含义：令人害怕的蜥蜴
食　　物：肉类
体　　形：体长约12米，高约4.2米，体重约7500千克
化石发现地：亚洲·蒙古国

打败巨兽的巨兽

　　在距今7000万年前的亚洲地区，生活着一种很可怕的巨兽，它身形巨大，咬合力强，甚至可以猎杀共同生活的泰坦类巨龙，它就是这里的最强者——特暴龙。不过，这种凶猛强壮的恐龙却时常遭到另一种巨兽的驱赶，有时候只能狼狈地逃走。到底是怎样的巨兽能打败凶猛强壮的特暴龙呢？这种巨兽是否比暴龙家族的成员更加恐怖呢？现在，让我们走进巨兽的世界。

比较大小

特暴龙体长约12米，是成年人臂展的15倍。

122

金色的阳光透过树木枝叶的间隙，投射在湖岸上，微风袭来，地面上斑斑驳驳的树枝的影子，随着树木的摇曳，一动一动的。一只特暴龙正酣畅淋漓地喝着小河中清凉甘甜的水。在湖的对岸，几只小型的植食性动物也在津津有味地啃食着低矮的灌木，它们因为隔着宽大的湖面，而不用惧怕这只强壮、凶狠的巨兽。当然，这只特暴龙并不是没有朋友，刚刚还有一只小鸟站在她的背上休息呢。

特暴龙和霸王龙是近亲吗？

在特暴龙的化石刚被发现的时候，一些古生物学家认为它们可能与霸王龙有近亲关系，因为这两种恐龙都具有巨大的体形和短小的前肢。但近期的研究证明，特暴龙和霸王龙的亲缘关系没有那么近，它们存在着很多生理构造上的差异，尤其是头部的不同。这些差异显示，霸王龙并非特暴龙的近亲，它们是在不同地区平行演化的结果。特暴龙与我们即将介绍的诸城暴龙具有更加亲密的近亲关系。

镰刀龙

生存年代：距今7500万年前至7000万年前的白垩纪晚期
学　　名：Therizinosaurus
学名含义：镰刀蜥蜴
食　　物：植物
体　　形：体长约9.6米，体重3000~6000千克
化石发现地：亚洲·蒙古国

　　特暴龙在湖边享受美好的午后时光，岸边的树林中发出了沙沙声。不一会儿，一只长相奇特的恐龙从树林中走了出来，它有一个圆滚滚的肚子，在这个巨大的肚子上长着细长的脖子和一个小脑袋，而在肚子两侧，则垂着一对长长的前肢和爪子——这些爪子有大部分超过了一米长。特暴龙见过这种叫作镰刀龙的恐龙，但它很少与之发生冲突，更不会去猎杀，因为特暴龙知道那些大爪子并不是镰刀龙的装饰品。但是现在，特暴龙发现镰刀龙居然向自己走来，并且挥舞着长长的爪子。特暴龙知道，对方是想将自己从湖边赶走，独占水源。

比较大小

镰刀龙体长是成年人臂展的5倍多。

特暴龙并不想离开，它觉得是时候让镰刀龙知道谁才是这里真正的霸主了。特暴龙对着镰刀龙，一边嘶吼，一边用后腿刨着地，冲了过来，想咬住对方的脖子。镰刀龙并没有逃跑，而是稳住自己的身体，将长长的爪子举起来。就在特暴龙歪着脑袋，张着血本大口扑向镰刀龙时，镰刀龙侧过身体，同时将长长的大爪子用力地挥了出去。特暴龙来不及闪躲，中招了——它不但没咬到猎物，自己左侧的脸部还受伤了。特暴龙觉得自己轻敌了，它重整旗鼓，准备再发动一次攻击。

　　这时，从树林中又走出了几只镰刀龙。特暴龙意识到还会有更多的镰刀龙出现，现在离开是最好的选择。

　　这群镰刀龙如愿以偿地占领了这片地盘。它们开始享用甘甜的湖水和岸边树木的鲜嫩枝叶。

　　河边恢复了平静，在森林中这样的搏斗已经司空见惯，巨兽们的生活或许更加不平静。

身体
　　镰刀龙的身体肥胖，肚子非常大，因此它行走的速度很慢，而且无法奔跑。

后肢
　　镰刀龙的后肢十分粗壮，每只脚上长有四个脚趾，其中一趾不接触地面，其他三个脚趾接触地面。

牙齿

在镰刀龙的嘴里长着细长的小牙齿，可以用来切割植物枝叶。

前肢

镰刀龙的前肢很长，加上爪子的长度约2.5米。它们会用长长的前肢将树枝钩住，然后一点点地进食。

恐怖的大爪子

镰刀龙的前肢长有长度超过1米的大爪子，每只爪子长有三指，其中第二指最长。这恐怖的大爪子就像是死神的镰刀，可以轻松地将肉食性恐龙赶走。

恐龙百答：在炎热的午后，豪勇龙让背帆的边对着太阳，使热量由背帆的皮肤散发掉。在寒冷的天气下，它可以侧身站立，让帆面吸收太阳的温度，达到聚热板的作用。

诸城暴龙

生存年代：距今7000万年前的白垩纪晚期
学　　名：Zhuchengtyrannus
学名含义：来自诸城的暴君蜥蜴
食　　物：肉类
体　　形：体长约12米，高约4米，体重约8000千克
化石发现地：亚洲·中国

暴君之死

　　体形巨大的肉食性恐龙是恐龙世界的霸主，强大的攻击力让其他恐龙闻风丧胆，它们凭借强健的身体争夺领地，抢夺食物，但是再强大的肉食性恐龙也会因为骄傲大意，成为植食性恐龙的手下败将。

比较大小

诸城暴龙的高度是成年人身高的两倍多。

赤日炎炎，铄石流金，绿油油的叶子反射着焦灼的日光，两只诸城暴龙在森林里的一片空地上对峙着。这是一场领土之争，其中一只诸城暴龙一边发出低沉的吼声，一边用力地跺着自己的后肢，使脚撞击地面，发出沉重的撞击声。而另一只诸城暴龙显然并不理会对手的示威，它后退了几步，卯足了劲向着对手猛扑了过去，强壮的身体将对方撞击得跟跟跄跄，它趁机张开大嘴，咬住对方的肩部，同时锋利的爪子在对手的皮肤上留下了深深的口子。受伤的诸城暴龙努力地挣扎着，好容易挣脱了束缚，刚才还威武示威的它，现在只能悻悻地离开了——它失去了自己的领地。

中国顶级肉食性恐龙

作为中国中生代最顶级的肉食性恐龙，诸城暴龙相当于当时的皇帝，它们巨大的脑袋和锋利的牙齿是很多植食性恐龙的噩梦。成小群或是单独行动的诸城暴龙具有极大的杀伤力，它们能够杀死包括山东龙在内的大型恐龙。但当它们在面对长有长角的中国角龙时，需要十分小心，因为那长角可以刺穿它的肚子并造成致命的伤害。

恐龙百答：豪勇龙的前肢长有一个拇指钉，这是它们防卫袭击者的武器。它能刺伤进攻者，就像匕首一样。

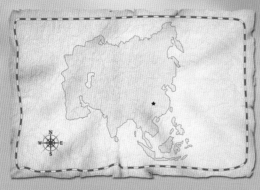

中国角龙

生存年代：距今7000万年前的白垩纪晚期
学　　名：Sinoceratops
学名含义：来自中国的长角的脸
食　　物：植物
体　　形：体长约6米，高约2.5米，体重约3000千克
化石发现地：亚洲·中国

中国角龙

　　中国角龙是一种大型的角龙类恐龙，它们最大的特点就是鼻子后面长有一根长0.8米的长角。和其他角龙一样，中国角龙也是群居的，当遇到肉食性恐龙威胁时，成年角龙会围成圈，将小角龙保护起来，用头上的长鼻角刺向敌人，以此来保护族群。

比较大小

　　中国角龙的体长是成年男子臂展的3倍多。

刚刚成为这片土地领主的诸城暴龙，望着如此众多的"子民"，心里激动万分，它把自己来到湖边的目的忘得一干二净，现在只想让它的"子民"知道新的"皇帝"登基了。诸城暴龙决定杀死一只中国角龙。

骄傲的诸城暴龙不假思索对中国角龙发起了攻击，谁知这个家伙没有想象中那么容易对付。中国角龙头上锐利的尖角妨碍了诸城暴龙的进攻，诸城暴龙接连败退，而中国角龙乘胜追击，它用自己的尖角刺穿了诸城暴龙的肚子，诸城暴龙一声惨叫，动弹不了。中国角龙非但没有停止，而是用力向上一抬，诸城暴龙的肚子瞬间被划破，顿时血流不止，诸城暴龙最终倒在了血泊当中。

没有多久，这只诸城暴龙就停止了呼吸。

山东龙

山东龙是一种非常巨大的鸭嘴龙类恐龙，成年山东龙的体长超过12米，高度超过5米，体重更是接近20000千克，看起来比当时最凶猛的诸城暴龙还要强壮。山东龙是群居性恐龙，它们会组成群体在森林边缘活动、觅食。当遇到像诸城暴龙这样的大型肉食性恐龙时，它们会用巨大强壮的身体阻挡肉食性恐龙的进攻。

霸王龙

生存年代：距今6850万年前至6550万年前的白垩纪晚期
学　　名：Tyrannosaurus
学名含义：残暴的暴君蜥蜴
食　　物：肉类
体　　形：体长约13米，高约5米，体重约10000千克
化石发现地：北美洲·美国

艰难的成长之路

　　恐龙每次都会孵很多蛋，但在不长的孵化过程中，这些恐龙蛋面临着各种各样的危险，比如会被喜欢吃恐龙蛋的恐龙偷走，被一些像老鼠一样的啮齿动物吃掉，等等。最后能孵化出来的恐龙少之又少，有时到最后只能有一只恐龙存活下来。

　　和大多数恐龙一样，只有极少数的小霸王龙能够活到成年，它们从一枚恐龙蛋成长到胚胎再到长大，这个过程中有无数的考验在等着它们。在它们成长到足够强大，能够保护自己之前，可能会被诸多的敌人袭击并失去生命。

比较大小

霸王龙的体长是成年人臂展的7倍多。

霸王龙的力量有多大?

科学家根据骨骼推算，一只成年霸王龙可以轻松举起2吨多重的物体，霸王龙可以把一辆小轿车丢来丢去。

根据头骨与肌肉来推算，成年霸王龙可以轻松咬出3万～6万牛顿的力量，相当于鳄鱼咬合力的10倍多。

6500万年前的一天，古老的森林苍翠葱郁，明亮的阳光透过枝叶的间隙照在林间的空地上，风穿过森林有轻微的"沙沙"声。万物静静地生长，好像这宁静的日子永远不会被打扰，也永远不会结束。

此刻，霸王龙一家正在享受午后的温馨时光，霸王龙爸爸和霸王龙妈妈用慈爱的目光看着正在面前玩耍的小霸王龙，和很多其他小动物一样，它玩耍的过程其实也是练习捕猎技巧的过程。

恐龙百答：恐龙吃下石头，是为了磨碎食物，帮助消化。 ◀**135**

鸭嘴龙

生存年代： 距今8000万年前至7100万年前的白垩纪晚期
学　　名： Hadrosaurus
学名含义： 强壮的蜥蜴
食　　物： 植物
体　　形： 体长7～10米，高约3.5米，体重约6000千克
化石发现地： 北美洲·美国

　　为了让小霸王龙看到更大、更广阔的世界，霸王龙爸爸妈妈决定带它去外面看看，让它认识更多朋友、观摩捕猎过程、了解更多敌人。在这个危机四伏的世界里，它必须尽快长大。

　　它们来到一处山脚下，这里植被茂盛，翠色欲滴。远远的有一群恐龙在低头吃着鲜嫩的植物，它们的脖子很短，身体宽大，身后长着一条肉乎乎的尾巴。这是一群鸭嘴龙。小霸王龙撒着欢朝着那群鸭嘴龙跑过去。

后肢

　　鸭嘴龙的后肢粗壮，长有三个脚趾。鸭嘴龙既能够用四肢行走，又能够只靠后肢行动，遇到危险时，它们还能靠后肢快跑。

比较大小

　　鸭嘴龙的身高约为成年人身高的2倍。

最靠边的一只鸭嘴龙首先察觉到从远处跑来的小霸王龙，它马上昂起脖子张开大嘴尖叫了起来。几乎是同时，其他的鸭嘴龙也跟着尖叫起来，尖利的叫声划破午后本来静谧的空气，使气氛陡然紧张起来。然后，鸭嘴龙们马上站起来四散奔逃。

带着好奇心跑过去的小霸王也被这突如其来的尖叫声吓到了。这阵尖叫声让它顿时阵脚大乱，紧急掉头向爸爸妈妈跑去。由于掉头过急，它趔趄了一下，差点摔倒。但它赶紧调整了方向飞速奔跑，直到躲到了爸爸后面，它的眼里还带着惊慌的眼神，朝着鸭嘴龙跑开的方向怯怯地望过去。

嘴巴
由于前上颌骨和前齿骨的延伸，鸭嘴龙的嘴巴横向扩展，看起来很像鸭子的嘴。

耐力完胜霸王龙的恐龙

鸭嘴龙是一种植食性恐龙，但是面对霸王龙这样凶猛的猎食者，鸭嘴龙却繁殖旺盛，活动范围遍布北美洲和亚洲。它们没有护甲、没有尾刺也没有尖角，那么它们是怎样保护自己的呢？原来，鸭嘴龙的耐力非常强，面对猎食者的追击，它们可以稳定、长时间地跑下去，直到甩掉追捕者。这与斑马逃避狮子追捕的方式很像，全靠长久不衰的耐力取胜。

恐龙百答：植食性恐龙以防守性武器为主，如厚厚的鳞甲、尾部的"铁锤"、额头的角等。 ◀**137**

三角龙

生存年代：距今6 800万年前至6 500万年前的白垩纪晚期
学　　名：Triceratops
学名含义：长有三只角的脸
食　　物：植物
体　　形：体长7.9～9米，高约3米，体重约6 000千克
化石发现地：北美洲·美国

比较大小
三角龙的高度约是成年人身高的1.7倍。

为了生存与家人而战

三角龙属于植食性恐龙，为了抵御肉食性恐龙的袭击，它们进化出了额前那尖尖的长角，有的三角龙的尖角长度可达1米。当面对敌人时，三角龙会亮出它们的长角，与敌人进行搏斗，以保护自己和家人。

从三角龙壮硕的体形和很有威慑力的大角来看，它们如果与霸王龙交手，那么胜负还真不一定，成年三角龙的长角很可能会刺穿霸王龙的肚子。

经过"鸭嘴龙风波"之后，小霸王龙明显乖了许多。它乖乖地走在爸爸妈妈中间，十分有安全感。突然，爸爸妈妈停住了，只见它们表情严肃，目光盯着不远处。顺着爸爸妈妈目光的方向看过去，那里有一群头上都长着三个尖角的恐龙——其中两只角长在头顶，第三只角长在鼻子上方。它以为一脸严肃、好像已经做好战斗准备的爸爸妈妈会冲上去和三只角的"怪物"打一架，顺便解决它们的午饭。但是没有，霸王龙夫妇调转了方向，向着另一边走去。

没有得到食物的小霸王龙有点失望，还没有经过实战的它当然不会明白爸爸妈妈心里的想法：这群三角龙数量太多，而且多数都身强体壮，一旦下手，不容易得手不说，慌乱时还会威胁到小霸王龙的安全。它们要等待时机，等待有一只老的或弱的三角龙单独出现，这样才能确保万无一失。

小霸王龙想不明白，只好垂着头跟着爸爸妈妈向另一个方向走去。

恐龙百答：关于恐龙的颜色，没有任何证据保留下来。现在复原的恐龙颜色都是根据现存的爬行动物和生物的适应性推测得出的。

139

阿拉摩龙

生存年代: 距今7000万年前至6500万年前的白垩纪晚期
学　　名: Alamosaurus
学名含义: 阿拉摩的蜥蜴
食　　物: 植物
体　　形: 体长约35米, 高约8米, 体重约70 000千克
化石发现地: 北美洲·美国

　　旅途中的又一个清晨, 阳光明媚, 微风习习。霸王龙一家早早地起来, 在河边饮了一些清凉的河水, 就出发了。今天, 霸王龙夫妇决定给小霸龙弄点好吃的。此时, 远处出现了阿拉摩龙的身影, 它们长得很大, 一条腿的高度都快赶上霸王龙身高了。霸王龙夫妇对视了一会儿, 做出了决定, 朝着阿拉摩龙的方向走去, 小霸王龙紧紧地跟在后面。

　　小霸王龙感到异常紧张, 它被爸爸妈妈脸上那几乎从未见过的表情吓住了。就在这时, 身后的树林中隐约传出了一阵声响。霸王龙下意识地朝身后的丛林看去。

身体

　　阿拉摩龙的身体非常强壮, 大部分重量来自于圆鼓鼓的肚子。而它的尾巴比脖子要细得多。

比较大小

　　阿拉摩龙体长很长, 大约是成年人臂展的20倍。

群居保安全

    阿拉摩龙是群居动物，它们很喜欢高地，而不是滨海地区。因为身体庞大，它们需要不停地吃东西，所以它们每天都站在树林边吃下大量植物。它们会依靠巨大的身体相互保护，以打退像暴龙这样的大型食肉恐龙。

头部

    阿拉摩龙长着一个小脑袋。在靠近头顶的地方，长着一双大眼睛；大嘴巴中长满细长的牙齿。

脖子

    阿拉摩龙的脖子又粗又长，长约10米。

霸王龙回头朝树林后发出声响的地方看过去，隐约看到了两只尖尖的角——那是一只年轻的三角龙。霸王龙没有立即行动，而是转过身看着那只三角龙的身后，确定只有它独自在这。比起那群长脖子粗腿的阿拉摩龙，霸王龙夫妇合作来对付这一只三角龙，显然更加轻松。它们带着小霸王龙朝三角龙的方向靠过去。

到了离三角龙不远的地方，霸王龙妈妈爸爸用头碰了碰小霸王龙的头，慈爱地看了它一眼，示意它待在原地不要动。然后分两个方向走向了前方不明状况的三角龙。

巨大的头骨

三角龙最显著的特征便是它们巨大的头骨，头骨长度超过2米，眼睛上方长有一对长达1米的额角。三角龙的头后方长有较短的骨质头盾。大部分角龙科恐龙的头盾上都有大型的洞孔，可以减轻头骨的重量，不过三角龙的头盾却是实心的，上面没有洞孔。

"霸王"的牙齿

霸王龙的嘴中一共长有超过60颗巨大的牙齿，其中最长的牙齿接近18厘米。这些牙齿的形状很像香蕉，它们具有惊人的杀伤力，可以刺穿甚至咬碎猎物的骨头！

这只年轻的三角龙正低着头吃着地上的植物。突然，直觉告诉它，身后有什么东西在盯着它。它猛地回头一看——一只霸王龙目露凶光地看着它，杀气腾腾，它好像都看到了霸王龙嘴里正在流下的口水，脊背一阵发凉，立即晃着头上的尖角想要威慑对方。这只高大的成年霸王龙显然根本没有把它这个动作放在眼里。三角龙立即转头向另一个方向准备逃跑。然后眼前一阵发黑，它看到另外一只霸王龙出现在了它的面前……

雌性霸王龙没有多费力气，猛地冲向三角龙，轻快地腾空而起，将毫无反抗能力的三角龙扑倒在地，然后狠狠地、准确地咬住了三角龙的脖子。雄性霸王龙又扑过去补了一口……

恐龙百答：一没有明显尖锐的齿峰，齿根比齿冠细窄，排列紧密，并且通常不是均匀分布。　**143**

风神翼龙

生存年代：距今约8 400万年前到6 500万年前的白垩纪晚期
学　　名：Quetzalcoatlus
学名含义：像羽蛇神的巨兽
食　　物：肉类
体　　形：翼展约15米，体重约250千克
化石发现地：北美洲·美国

　　霸王龙夫妇干净利落地结束了这次捕猎，回头看看已经惊呆了的小霸王龙，心里充满了骄傲。小霸王龙跑过去，与爸爸妈妈都碰了碰头，分享它们胜利的喜悦。然后，一家人开始惬意地享用它们的美餐。

　　这时，空中飞来一只风神翼龙，它低低地盘旋着，眼里带着贪婪的目光盯着三角龙的肉。但是，由于害怕旁边强壮凶猛的霸王龙夫妇，它不敢轻易行动。

比较大小

　　风神翼龙的翼展约为成年男子臂展的8倍。

高超的飞行能力

很长一段时间内，人们不相信翼龙真的会飞翔，因为它们的体形似乎并不符合飞行的条件。但是随着研究的深入，人们越来越多地了解翼龙的身体构造，发现之前其实低估了翼龙的飞行能力。

研究发现，翼龙的翅膀内有5个关节用来控制飞行；而其大脑在一秒钟内可以发出多次指令，对翅膀进行精确的微调；翼龙有很强大的平衡器官，可以测量和处理在飞行过程中出现的偏航、转向等微小变化。所以说，翼龙其实是飞行高手。

　　夜深了，一轮圆月郎朗地照耀着大地上的一切，似乎一切都在月光的轻抚下进入了梦乡。但是，其实森林中的夜并不宁静。白天有白天的热闹，而黑夜一样有属于它自己的丰富内容，很多动物选择在夜里出来活动、觅食，这有利于躲避在白天活动的猎食者。

　　此时，一直等待在这里的风神翼龙终于饱餐一顿，准备离开这里。"这顿美餐"又迎来了第三波食客，它们是一群伤齿龙。白天的森林中危机四伏，充满各种危险的猎食者，而昼伏夜出则相对更安全。它们发现了这具三角龙尸体，随后一拥而上，围着这堆残渣剩饭啃食起来。

中空的骨骼

　　风神翼龙虽然体形很大，但其实骨骼很轻。经过研究，古生物学家发现，它们骨骼的内部是中空的，这样可以最大限度地减轻身体的重量，再加上非常大的翅膀面积，所以就能借助风力在空中飞翔。

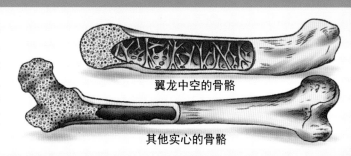

翼龙中空的骨骼

其他实心的骨骼

这群看起来机灵敏捷的伤齿龙是杂食性恐龙，既吃植物也吃肉，只要能填饱肚子，它们都乐得消受。在生存竞争激烈的环境中，这是个好习惯，比起那些食性比较单一的动物，它们会得到更多生存的机会。

"恐龙时代"的落幕

在恐龙这些庞然大物统治了地球1亿5200年之后，"恐龙时代"缓缓地落下了帷幕。关于恐龙灭绝的原因，众说纷纭，目前也没有定论。比较令人信服的是：一颗直径约10千米，体积相当于一座中等城市大小的小行星以将近每秒20千米的高速撞向地球，引发了严重的地震、海啸和火山爆发，地球环境因此受到严重影响，尘埃蔽空、气温急剧下降、天空降下"硫酸雨"……很多物种在这次灾难中灭绝了，而恐龙就是其中之一。

壮丽的"恐龙时代"一去不返，一切都成为猜测。我们期待着新的研究成果，能够揭开更多关于恐龙时代的秘密！

霸王龙夫妇带着小霸王龙走了很远很远，小霸王龙在快乐的旅途中迅速成长。遗憾的是，它们还不知道，这样安静祥和的日子很快就要结束了。天空开始有火球飘下，这是它们无法预想的灾难，只能不停躲避……

地球无声旋转，生命无情更迭。物竞天择，适者生存，曾经辉煌显赫的恐龙家族也必须遵循这个亘古不变的规律。在长达1亿5200多万年的时间长河中，它们曾经努力地生存繁衍，创造过至今提起来仍旧让人心怀敬意的进化奇迹，它们拥有过自己的黄金时代，留下了属于它们的痕迹。

地球上或许不会再出现那辉煌一时的恐龙时代，但是关于恐龙的故事却会在很长一段时间内继续流传，会有更多人因这种神秘生物而生出无限遐想。而当时亲历辉煌的那些恐龙们，已经随着时间的长河流远，变成了永恒的传说……

图书在版编目（CIP）数据

最后的辉煌/李柯霏编著. -- 长春：吉林出版集
团股份有限公司, 2024.3
（恐龙时代）
ISBN 978-7-5731-4749-3

Ⅰ.①最… Ⅱ.①李… Ⅲ.①恐龙—少儿读物 Ⅳ.
①Q915.864-49

中国国家版本馆CIP数据核字(2024)第058323号

恐龙时代
KONGLONG SHIDAI

最后的辉煌
ZUIHOU DE HUIHUANG

编　著／李柯霏
出 版 人／吴　强
策　　划／张栢赫
责任编辑／马　刚　张栢赫
开　　本／635mm×965mm　1/8
字　　数／105千字
印　　张／20
版　　次／2024年3月第1版
印　　次／2024年3月第1次印刷

出　　版／吉林出版集团股份有限公司
发　　行／吉林音像出版社有限责任公司
地　　址／长春市福祉大路5788号
电　　话／0431-81629679
印　　刷／北京兰星球彩色印刷有限公司

ISBN 978-7-5731-4749-3　　定价：98.00元